U0032645

大衛・巴特勒 David Butler
琳達・提許勒 Linda Tischler——著
吳莉君——譯

設計的力量

如何讓百年老牌煥然一新

DESIGN TO GROW

How Coca-Cola Learned to Combine Scale and Agility (and How You Can Too)

如果你想打造一艘船，

別忙著號召人馬、收集木材、分配工作、發號施令。

你該做的是，

激起人們對浩瀚海洋的渴望。

——《小王子》作者，安東尼·聖修伯里

目次

推薦一

系統性設計思維，使大象跳舞

淡江大學企管系教授、前管理學院院長
王居卿

處在現今多變與複雜的「無常」環境，已是一種「正常」現象，即使是一顆頑強的巨石，亦會受到此環境不斷地摧殘與侵蝕，終至消亡殆盡。同理，一家企業若要以「以不變應萬變」的心態及策略去因應，亦會坐吃山空，終至滅亡而消失在市場中。很多人會問：過去曾經在全球市場中稱霸一時的一些全球性知名品牌，例如柯達及諾基亞，這些像大樹般的巨型企業，它們並沒有犯錯，也按部就班、戰戰兢兢地經營著，卻為何在一夕之間莫名且無聲地退出全球競爭舞台？究其原因，它們大多輕忽劇變環境的力量，一直沉迷且堅信於過去成功的作法，沒有採行「預應」（proactive）策略：例如消費者的需求，除了價格與品質外，更企求快、狠、準及多功能的產品，但柯達及諾基亞忽視了這些關鍵需求，直到數位化與多媒體出現，才知大勢已去，難以挽救頹勢。

然而，同樣是全球知名百年老牌的可口可樂公司，為何現今不但能屹立不搖，而且能夠持續成長？也許有人會認為，這是因為可口可樂屬於傳統產業，所面對的環境（包括大環境與產業環境）不像處於科技性產業的柯達及諾基亞公司那麼複雜與詭譎多變。此論點當然說得通，但大家試想：若可口可樂公司只專注在曲線瓶可口可樂單一產品，結果會如何？我們若以波特（Michael Porter）的五力分析來初探即可得知，可口可樂公司若不進行創新與變革，將無法持續面對全球多樣化需求與激烈競爭的環境。相對之下，可口可樂公司鑒於「前車之鑑」，透過設計引擎不斷進行創新與創業，採行成本領導與差異化兼具的藍海策略，得以避免重蹈柯達及諾基亞公司的覆轍。本書乃作者巴特勒將其親自領導可口可樂公司設計團隊的經歷，從開放性系統的觀點去闡述該公司的設計創新思維。

本書可說是一本活生生理論與實務融合的典範書，巴特勒不但是一位系統理論的忠實粉絲，亦是該理論的實踐家。巴特勒在可口可樂公司擔任創新與創業副總裁，領導該公司的創新與創業願景及策略，他以在該公司十多年的親自體驗，毫不保留地分享可口可樂公司如何面對全球嚴酷的競爭環境壓力、如何透過設計思維進行有系統的創新與變革，以及如何塑造全面設計（Total

Design）的企業文化，以達到脫胎換骨的成效。列舉本書重要特色與論點如下：

一、本書核心觀念是貫穿「開放性系統」的理論觀點。

所謂「系統」，乃是由一組相關元素彼此互動連結，以達成某特定目標組成的集合體，系統內任一元素均會影響該目標達成的績效。可口可樂公司的設計思維，即是以此觀點確認設計的範疇與相關元素，且其範疇涵蓋全球環境因素，以落實「全球思考，在地行動」的全球經營策略。一些大小的具體作法，如全球布局、識別系統、網站、包裝、廣告、卡車、汽水機、冰桶等設計，均遵循開放性系統的理論觀念。

二、可口可樂公司的設計創新主要分為前後兩大階段，兩階段的任務目標大相逕庭，甚至互相矛盾衝突，但最後均能並存而達陣。

可口可樂公司的前階段目標是追求「規模」，以達規模經濟、降低成本，此階段乃將系統視為「整合性系統」；而後階段目標是追求「靈活」，以達快速顧客回應、強化顧客忠誠，進而增加營收並降低成本，此階段乃將系統視為「模組性系統」。可口可樂公司使用西奈克（Simon Sinek）所提的黃金圈模型作為設計思維的觀念性架構，該模型乃是使用三個同心圓去討論「做什麼」

（what）、「怎麼做」（how）和「為什麼」（why）之間的依存關係。前階段乃是利用設計去擴大規模，其為什麼＝設計目標＝規模；怎麼做＝過程＝簡化、標準化和整合；做什麼＝要被設計的產品＝如藍寶堅尼。而後階段則是利用設計去提升靈活，其為什麼＝設計目標＝靈活；怎麼做＝過程＝學習、創建和評估；做什麼＝要被設計的產品＝如樂高。換言之，可口可樂公司的設計願景乃是要該公司不但是一隻大象（規模），亦要會跳舞（靈活）。

三、每章均提出兩個「經驗學習」實例，說明可口可樂公司的實際作法。

全書共六章，有十二個「經驗學習」的實例說明，有助於讀者深入體會實際的相關作法，例如第一個經驗學習即強調：在實務上應將「設計」這個抽象的詞丟掉，當在談論設計時，字眼精確與否並不重要，重點是要傳達出「設計可以把事情連結起來，解決問題，創造價值」。因此在過程中，不必介意使用何種用語。

四、「全面設計管理」理念的落實。

「全面品質管理」（Total Quality Management）理念已在全球落實數十年，而巴特勒在書中的下列陳述，正指出現今處於急速變遷環境下，一家企業求生存與成長的不二法門，是落實「全面設計管理」（註：此名詞乃本人自行添加）：「設計不是什麼深奧的學科，只能由總部的菁英團隊掌控；設計是一種日常責任，擴及到企業裡的每個功能、每個地區和每個品牌。為了讓設計發揮最大功效，我們每個人都得扮演好自己的角色。」由此可知，要真正透過設計來創造價值，需要公司全員參與，而不只是設計部門或某些人的責任。

五、針對設計議題，作者提出克服那些似是而非的迷思與矛盾的看法，值得讀者思索並細加品味。

作者在書中提出一些名詞，值得讀者在從事設計工作時加以省思，以避免迷失在那些迷思中，例如：(1)「多」與「少」的迷思及矛盾：「少即是多（好）」，這是因為選項越少，掌控度和一致性就越高，因此成效就會越好，此適用於可口可樂公司在追求規模的前階段；但在追求靈活的後階段，「多才是多（好）」，此乃因每個產業都在變動，革命烽火處處在燃燒，因此企業需要更多產品、更多服務、更多平台、更多供應商、更多合夥人、更多通路和更多商業模式等，才能隨機應變，此正所謂「多才是多」；(2)「速成」（succeeding fast）與「速敗」（failing fast）的迷思及矛盾：很多企業認為，任何新的設計創新，須確保完美無瑕且有大成就時才能推出，但在現今講求速度的競爭環境，小的「速成」往往是邁向完美大成就的動力；然而，為了追求「速成」，常會忽視其他元素而產生「速敗」，對此，有些企業會因小的「速敗」就裹足不前，容易喪失商機，因此企業應善待「速敗」，因為快速失敗意味著快速學習。有鑒於此，作者建議所有公司都應透過設計，將快速失敗轉變成快速學習。

六、本書的設計觀念與模型工具具有普遍性，適用於各種組織及個人。

雖然本書聚焦在可口可樂公司，但其觀念與模型工具不但適用於各種組織（包括營利、非營利、政府、大型、中小型、國內、國外等），亦適用於個人，舉凡當要解決某個問題時，均能使用這些觀念及工具。

詳細閱讀本書後，本人極力推薦，相信讀者閱讀之後，對於任何事情均能更有信心且大膽地進行設計、創新與變革，甚至有自信地去創業。

推薦二

從0到1，以及從1到N

政治大學創新管理教授
李仁芳

如何以設計帶動成長？

要成長，你得有本事解決從0到1，以及從1到N兩階段截然不同的創新挑戰！而這兩種挑戰均仰賴（兩種邏輯相似，但目標—過程—產出有異的）設計思維的操練。

無論要提升靈活（agile），或是要擴大規模（scale up），你都需要設計。

靈活是0到1階段的要務，要發展資產（你的IP、你的產品、你的品牌、你的顧客關係），要看重探索和快速失敗（failing fast）、快速修正（pivoting），身形要精實，移動要迅速；同時也要以持續創新、仰賴快速原型試製（rapid prototyping），蓄積致勝優勢。

單一次數的成敗不重要，就是要不斷循環推進產品／服務的Design—Build—Act—Test Cycle（作者稱之為「學習、創建、評估」，或HRR循環）。早輸、小輸、常輸，或者是早贏、小贏、常贏都很好。

單次的輸贏不是重點，重點是快速的累積、學習。

快速失敗，就是快速學習！

在沒有海圖的海域上航行，不用去請教大師、專家。就像原創設計就是走向未知領域的冒險活動。原創的領域也沒有什麼大師可以請教！

當你要做真正新創的、不同的東西，學習的對象既非專家權威，而請示的對象也非管理階層。你唯一的啟蒙之道是與市場對話，向顧客學習，特別是那群「早期使用者」。

檢視作者在書中所提供的，可口可樂在印度、非洲、印尼實驗無數的新創方案，都一再浮現一個事實——視Just Enough的原型為Good Enough，最正確的設計參數不重要（既然是新創／原創，就誰也沒把握），設計—製作—市場測試—修改的快速循環才是重點。

對新創事業的創造，速度比正確重要

視市場的早期使用者為協同創新夥伴，把顧客視同創新團隊成員。原創產品、包裝材料、運籌物流創新模式，都靈活快速上線，做探險式行銷。並藉由多次快週期的產品／服務的設計—製作—上市測試—修改循環，與市場的早期用戶深入對話，經過多版本的產品／服務上線，新創的事業模式漸漸累積多次的Just Enough，真正成為Good Enough。而市場涵蓋面也從「保齡球道」連鎖撞倒效應，「引爆」從「利基市場」到「康莊大道」的主流市場。

要走完這樣的新創流程，組織成員的氣質不能是凡事等待指示，只是強調「執行力」的「上班族染色體」。而是要具備行動衝撞意志，能在含混不清狀況中仍勇往直前，在行動中思考、在行動中學習的「創新匪類」。

而要降低失敗（學習）與修正的成本，作者又特別強調模組化（樂高模式）與開放式創新。

擬定一個明確的願景與使命，確立核心發展策略後，便可進入市場「做中學」，並以「設計機器」工具，歡迎組織外成員提供新創構想加入你的「沙盒」裡，和你一起玩，而無須以傳統「制定—執行」的封閉溫室模式模擬完整的商業計畫。對於新創產品或模式的推出，「速度」遠比「完整性」重要。

至於擴大規模，則攸關1到N追求成長階段的成敗。這階段需要將商業營運模式標準化，並精確執行，才能得到網絡經濟效應的好處。

這階段的設計規範並非靈活、彈性，以及隨時軸轉，而是仰賴詳盡規畫與完善思考。讓整個系統的每個解決方案都針對某特定功能設計，又可以和針對其他專屬功能設計的各個方案天衣無縫地共同運作，達到簡化、標準化，並以最少量摩擦整合起來的境界——作者比喻宛若組合一台藍寶堅尼。

作者因此一再表達，設計就是有計畫地將事物（物件＋服務）連結起來，以創造價值。

無論你是在大型組織內工作，想用設計思維幫助它學習靈活；或是你正待在小型新創組織內，企望運用設計思維來擴大營運規模——這本書都提供了經過驗證的、簡潔、給力、又超值的建議。

序言

設計帶動成長

規模與靈活

在今日這個瞬息萬變的動盪世界裡，凡是想要與時俱進、不斷成長的企業，規模與靈活都是不可或缺的必備條件。

如果你是個老牌大企業，表示你已經擁有規模，可以不費吹灰之力就從美國的波士頓擴張到印度的班加羅爾（Bangalore）。你已經靠著經年累月的努力，打造出強大的資產，包括專家、品牌、顧客、物流通路和各種關係網，這些都是新創事業（startups）渴望但不可及的夢想。規模不是你的問題，你的問題是靈活——你得比那些新創事業更聰明、更快速、更精實，才能瞄準它們、瓦解它們。

你該怎麼做，才能以新創的速度和靈活持續成長（贏得市場占有率、提高品牌攸關性、增加營收）？每個地位穩固的老牌大企業、大組織甚至大政府，全都有土崩瓦解的危機，也都有可能面臨所謂的「柯達一刻」（Kodak Moment），眼睜睜看著自己的產業在一夕之間遭到顛覆，驚覺自己的競爭優勢消失無蹤，曾經保護自己數十年的那道護城河，再也不管用了。

如果你是一家新創公司，你面對的則是另一個問題。你很靈活，事實上，除了靈活之外，你什麼都沒有。嘗試商業新模式、調整企業舊定位、發展新特色，甚至在幾天之內推出全新產品，這些大企業只敢夢想不敢實踐的作為，對你而言都不是問題。會讓你晚上輾轉失眠的問題是：如何建立一個有效團隊、如何決定公司的關鍵指標、如何贏得顧客青睞，以及如何確保資金穩固。你的問題是規模——你的挑戰是，該怎麼做才能讓你的新創事業開疆拓土，拿下可以賺錢的領地。因為大多數的新創公司就是敗在這裡——成功的比例只有令人沮喪的一成而已。

有什麼東西能夠幫助你持盈保泰，避免瓦解，甚至更上一層樓？又有什麼東西能夠幫助你同時創造規模與靈活？有這種東西嗎？

確實有，就是設計

而這也正是本書所要談論的主題：可口可樂公司如何利用設計帶動成長，以及其他公司，無論規模多大、產業為何、位於哪個地方，可以從可口可樂的經驗中學到哪些教訓，達到同樣的成就。

過去一百多年來，可口可樂公司運用設計的力量，將規模拓展到兩百多個國家，打造出價值一百七十億美元的品牌，與它結盟的零售客戶超過二千萬家，每天賣出將近二十億件產品。儘管如此，可口可樂仍不斷學習。過去十年來，公司把焦點擺在如何利用設計提升靈活——這是大多數老牌企業最頭痛的問題，包括可口可樂在內。

在這趟旅程中，我們會揭開設計語言的神祕面紗，把一些含混不清的用語轉化成一套平實易懂的原則。我們將探索世界各地的可口可樂分公司，遍訪它的不同部門，包括肯亞的芒果栽種、東京的產品包裝、波哥大（Bogotá）的零售商店、開普敦（Cape Town）的廣告行銷，以及美國的社交風汽水機等，沿路發掘各種範例，幫助讀者了解設計可以扮演怎樣的角色，讓全世界規模最大的公司變得更靈活，更能適應這個複雜多變的世界。這些故事或許是可口可樂公司的一些特例，但它們所處理的挑戰，卻是普遍性的。

如何運用這本書

簡單說明一下這本書的組織架構：

第一篇，說明設計如何擴大規模，解析可口可樂公司如何運用設計的力量，將公司打造成產值一百七十億美元的全球品牌。

第一章，我們處理「**設計是什麼**」這個大哉問，然後說明如何利用設計創造價值，以及「鎖定目標做設計」可以達到怎樣的成果。

第二章，我們深入研究可口可樂公司如何以策略性手法運用設計，將可口可樂擴張成全球普及率最高的品牌或品牌之一。

第三章，我們觀察是哪三大現實造成今日市場的新常態：一、棘手問題；二、後網際網路世界所引發的改變；三、必須創造可以分享的價值。當然還有其他因素，不過這三點確實讓大環境的複雜性提升到新層次，挑戰每個企業的成長能力。

第二篇，我們討論要具備哪些條件才能加入「十億美元品牌俱樂部」

（Billion-Dollar Brand Club），並探討為什麼老牌企業比以往更難維持自己的菁英地位。我們將會檢視，新創事業如何利用設計提升靈活度，以及老牌大企業可以採用哪些方法做到這點。

第四章，我們解釋設計可以幫助所有企業快速從失敗中學習，並且快速應變，以便在競爭中保持領先地位。我們舉出三個案例，說明可口可樂公司如何利用設計創造應變能力，包括五音符旋律、南非的人工物流系統，以及重新設計拉丁美洲的數百個零售點。

第五章，我們將研究，模組性系統如何幫助企業保持生存和茁壯所需的靈活性。我們舉出三個可口可樂案例：一是它的全球果汁視覺識別系統；二是高密度的芒果栽培創舉；三是自由混搭（Freestyle）汽水機的發展，藉此證明模組性系統的用處。

第六章，我們將探討，為什麼類似維基百科之類的開放性系統，可以在企業內部和企業的利害關係人之間，創造更大規模的合作關係。事實證明，這種作法不僅能讓最棒的構想和人才更容易出頭，還能在過程中節省成本。我們將檢視可口可樂採用開放性系統的三個案例：一、可口可樂設計機器；二、「5by20」全球女性創業者培力計畫；三、全球植物環保瓶包裝。

最後，在結語中，我們思考在一個設計已經民主化的世界裡，未來會是什麼模樣。我們也探討了大企業可以從新創公司身上學習什麼，以免落入瓦解崩潰的命運，以及新創公司可以跟大企業學習哪些東西，讓自己克服新創的超高失敗率。壯大（building scale-up）將是下一波的創新焦點，它會是大企業和新創這兩者的解答嗎？

在這本書裡，我們提供了一些「經驗學習」，幫助所有企業成長茁壯，我們也建議讀者如何利用我們實地測試過的一些構想，在公司的董事會裡得到大家的支持。

在「深水區」（Deep End）這一章，我們列出一些參考書目，供有興趣的讀者深入研究書中提到的一些概念，同時刊出我從未公開發表過的〈鎖定目標做設計〉（Designing on Purpose）宣言，那篇宣言是我在可口可樂任職時的頓悟時刻，也是孕育這本書的種子。

在這本書裡，我們也會跨出可口可樂的運作場景，了解地毯業如何幫助公司決定「Dasani」瓶裝水的瓶子要用哪種藍色，以及公司如何把巴西蔗渣和俄羅斯樹皮這類生質垃圾，轉變成植物環保瓶包裝。

沒錯，這些幾乎都是可口可樂的問題，但是從可口可樂如何利用設計來解決這些問題的過程中，所有企業都能學到教訓和啟發。

第一篇

設計擴大規模

Solution
Vision
SEO

二〇一三年十一月的第一週，商業新聞颳起一陣小颶風，出現好幾則引人注意的不尋常報導：特斯拉電動車（Tesla）發生另一起電池起火事故，加深全面召回的隱憂；聯準會鎖定一家對沖基金巨人和一起嚴重的內線交易；股票市場再創新高。不過，即便在這麼多標題聳動的頭條新聞裡，還是有兩起事件脫穎而出：一家曾經叱吒風雲的零售帝國面臨倒閉，以及一家成立七年的網際網路寵兒投入居高不下的股票市場。

百視達宣布退場，這家家庭影業出租公司，曾經是數百萬名電影愛好者安排週末計畫的第一站。隔天，名流、革命家和偶爾迷途的政治人物最愛的推特，上市第一天以三〇B的市值收盤：超過家樂氏、全食超市（Whole Foods），以及半數以上的標準普爾五百*企業。

這是相對不尋常的一週，但也是今日市場的一張精彩快照——同時拍到伴隨產業瓦解而來的危機和轉機。在今日這個超連結和指數成長的世界裡，每家公司都得後退一步評估自己的弱點在哪裡，或是找出產業優勢，並帶動革命性的創新。

單是規模龐大並不足夠，百視達極盛時期曾有九千家零售店遍及全美國，光有規模但不知靈活應變，就難保不與時代脫節。反過來說，雖然每個創業者都夢想成為推特或Instagram第二，卻有九成的新創公司活不過第二年。這些公司確實很靈活，卻得與規模奮戰。[1]

> 每家公司都得兼具規模與靈活，才能贏得江山。

不管是剛起步的尼泊爾新創事業，或是擁有百年歷史的紐約多國企業，規模與靈活都是企業成功不可或缺的兩大要素。

規模與靈活

如果你是在新創事業工作，靈活就是你的優勢。只要你能每天更新產品、適應市場，必要時還能逆勢軸轉（pivot），就有機會活下去。但是一想到規模，就會讓你煩到睡不著——該怎麼讓目前的商業模式穩定下來，跨入下一個階段，變成真正的企業？這需要更多資金、更多員工、更多客戶，什麼都要更多。

＊編註：標準普爾五百指數（Standard & Poor's 500 incex，S&P 500），是記錄美國五百家上市公司的一個股票指數，由標準普爾公司創建並維護。

如果你是在老字號公司打拚，規模就是你的利基：事實上，你之所以能待在目前這個位置，就是因為你知道如何經營一家有規模的企業。你懂得利用規模將效能與效率發揮到極點，所以你成功了。也許你很想增加營收或擴大營運，但因為這世界的不穩定因素越來越多，變化越來越快，還有一堆爆發戶想盡辦法要搞垮你的產業，你擔心自己是否能一路往上，保有競爭力。

如果你的企業是上市公司，你對這一切的理解就又不同了。你的壓力來自於每天都要經營一家全球企業，你知道在每一季終了的時候，你和同事們將會受到數千名股東的無情評判。每一季的盈虧金額可能高達數百萬甚至數十億美元。企業規模永遠是你關心的課題，但會讓你夜裡失眠的煩惱，主要還是和**靈活性**有關——如何達到這一季的預期目標，同時打造出創新所需的速度和彈性，以及不和下一代脫節的企業文化。

身為可口可樂公司創新業務副總裁，以及前任設計部門的負責人，經常有人問我下面這些問題：「可口可樂這家百年老品牌如何與時俱進？」還有，「像可口可樂這麼大的企業如何不斷創新？你的策略是什麼？」

如果有個東西，可以讓你和你的新創事業、你的團隊、你負責的職務和你的部門創造出成功必備的規模和靈活，那樣東西會是什麼呢？

設計可以同時打造規模和靈活。

說到設計，人們多半都想知道下面這些基本問題：「可口可樂公司如何利用設計保持競爭力？」、「你如何運用設計創造最大價值？」、「你如何運用設計帶動創新？」這些都是好問題，就算是最分析導向和執行導向的商業經理人，也都知道設計能創造的價值，絕不只是讓產品看起來更漂亮、更舒服而已。對某些公司而言，設計真的能幫助它們成長。但要怎麼做呢？

可口可樂和設計

當你想到可口可樂和設計時，腦海中可能馬上會浮現可口可樂這個經典品牌的熟悉色彩、獨特logo和招牌包裝。這些設計元素已經超過一百多年了，它們結合在一起，創造出全世界最有價值的一個品牌，總值超過一百七十億美元。

不過，對可口可樂公司而言，設計的角色可不只是傳統的視覺元素。logo和顏色固然重要，但是扮演最吃重角色的，往往是你看不到的無形事物。

可口可樂設計產品、廣告、包裝和冰桶，它也設計路徑將這些元素連結起來，驅動成長。因為這樣，我們才說可口可樂的設計是**策略性**的。

當你用策略性手法運用設計，設計就能幫助企業成長。

大多數人並未從這個角度思考設計，但是經過良好設計的事物，確實會有很好的**連結**，並且變成系統的一部分。例如，可口可樂設計新包裝時，真正的目的是要解決商業問題，而不僅是挑選顏色、指定材料，或決定造型和尺寸。

這些因素當然都很重要，但新的包裝也必須和供應鏈的策略相連結，幫助企業達到追求永續的目標，還必須在既有的裝瓶和物流系統內運作，與零售客戶的商業計畫完美銜接，當然還要符合消費者的需求。當這些元素全都彼此連結時，我們才能說這家企業正以策略性手法運用設計，幫助企業成長。

用無形驅動有形

我愛系統，也愛探索系統的運作方式。大多數的系統並不那麼顯而易見：例如，你可能沒有想過，你小孩的校車、你家附近的雜貨店，或是你的智慧型手機裡的應用程式，全都是大系統的一部分。了解系統如何運作，可以徹底改變你看待世界的方式。

一九九五年，我太太介紹我閱讀系統大師聖吉（Peter Senge）的《第五項修練》（*The Fifth Discipline*），開啟了我對這方面的興趣。我還記得下面這段話：「系統思考是要訓練你綜觀全局。這個架構是要你觀看相互關係而非單一事物，觀看變化模式而非靜態畫面。」[2]

這本書開啟了我的學習之旅，自此之後，凡是和系統以及系統與設計有關的一切，我都不放過。聖吉可能會說，我開始消費事物與事物之間的互動關係，而非整體裡的個別設計。我迷上形形色色的系統類型，以及它們對這世界發揮的功效，包括系統危機（經濟學）和混沌理論（科學）。我想知道與系統運作有關的一切知識，特別是又大又複雜的系統。

二〇〇四年，我加入可口可樂公司。我的任務是幫助公司把焦點集中在設計上：發展出一套願景、策略和作法，確保可口可樂公司能享受到設計帶來的最大價值。

在我看來，可口可樂公司就是由數百個次系統所組成的超大系統，我的熱情整個被點燃，等不及要開始挖掘。

沒花多久時間，我就看出為什麼這家公司要把心力集中在這個領域。可口可樂公司擁有全世界最有價值和最知名的一些品牌，包括可口可樂、健怡可樂、雪碧和芬達。不過在那時，它們還沒發展出共同一致的設計走向。因此在人們體驗該品牌的過程中，出現了一些小斷裂，無法讓包裝、宣傳與零售一氣呵成。可口可樂確實有必要把該公司夙負盛名的高品質、一貫性與領導水準找回來。

可口可樂也需要找出方法，快速適應瞬息萬變的市場。不含酒精的即飲飲料業，一直是全球成長最快速的消費性產業之一。為了趕上市場腳步，可口可樂必須設計出一套方法保持靈活，適應變化，與時俱進。不過當時可口可樂顯然還沒設計出這套方法。

前面提到的那些小斷裂，開始讓可口可樂這個品牌給人老舊過時的感覺，比不上其他步伐快速的消費品牌，例如蘋果和耐吉。可口可樂原本的設計就是以大規模運作為主，但裡面卻有很多東西沒有彼此連結，因此要找出驅動企業成長的策略，確實非常困難，因為它的設計方式和它自身的利益**背道而馳**。

沒錯，可口可樂確實需要對看得見的有形事物下工夫，像是包裝、廣告、網站、卡車和冰桶。但是它的當務之急，卻是要把焦點集中在它的走向，集中在企業的設計方式上。

可口可樂公司過去採用的設計方式，無法帶給它足夠的靈活度，在息息相關、快速變化的世界裡保持成長。

可口可樂當初在決定設計走向時，是一個相當簡單的組織，但是公司今日的業務已經變得極端複雜。對一個擁有兩百五十家裝瓶公司、八萬家供應商和兩千萬個零售客戶的企業而言，沒有任何一件事情是簡單的。但是，只要你看過這家公司的演變過程，你就不難看出為什麼它很難割捨這個長久以來運作得非常良好的走向。

在可口可樂公司的前七十年，它只有一個品牌，一項產品，一種包裝尺寸，而且大多數時候只有一種價格。有長達七十幾年的時間，可口可樂的售價都是五分錢。[3]這家公司的成長策略，就是把可口可樂拓展到每個國家、每個大城小鎮和鄉村，讓可口可樂成為地球上每個人「垂手可得的渴望」。而且令人驚訝的是，這項願景真的實現了。

然後，一九八二年，可口可樂冒險推出了健怡可樂（Diet Coke）。此舉讓公司業務變得複雜起來。有史以來頭一回，在它的投資組合裡有兩家可樂。由於健怡可樂很快就創下亮眼佳績，銷售數字掩蓋掉一切困難。

到了二〇〇一年，可口可樂提高賭注，做出一項重大的策略決定，要把公司轉型成一家**全面性的飲料公司**，也就是說，它打算提供更多樣的選擇，迎合不斷變化的喜好和口味。這項決定改變了一切，從產品組合到系統運作（「可口可樂」一詞代表這家公司，以及由兩百五十多家獨立裝瓶公司所組成的網絡）無一倖免。

當時可口可樂的執行長接受一家英國報社採訪時表示，可口可樂的目標是要發展出一套系統，不僅能在全球經濟裡贏得成功，也能對於在地經營保有同樣的敏感度。在內部，這項策略被濃縮成一句精簡口號：「**全球思考，在地行動**。」每個事業單位各自經營，猛踩油門，為這個全球品牌奮力衝刺，同時也充分利用公司的跨國規模，創造或取得區域品牌和在地品牌。

沒想到，這項策略大轉變卻讓事情變得極其複雜，超乎可口可樂的預期。

在一個科技、社會和政治都處於激烈變動的世界裡，決定從單一品牌公司

變身為全面性飲料公司，其中牽涉到的複雜程度可說前所未見。要進行這麼重大的商業策略大轉型，必須連公司的設計走向一起更改，才能奏效。

可口可樂最初的設計走向，是為了擴大規模，而讓一切盡可能簡單；可口可樂利用設計做到簡化、標準化、將所有業務整合為一體，這樣的走向讓它可以輕輕鬆鬆推動它的成長策略。可口可樂就是因此從一八八六年的一家新創小公司，擴張成二〇〇一年總值一千兩百億美元的大企業。[4]

然而，當公司的策略改變後，同樣的設計走向已無法適用，因為可口可樂如今是一家擁有數百種品牌、產品和包裝、數千個供應商，以及數百萬個物流通路（從方盒狀的超市百貨，到街頭陽傘下的冰桶小販）的公司。當產品組合的範圍從氣泡飲料到咖啡飲料，到數十種果汁無所不包時，同樣的設計走向就再也行不通了。

可口可樂需要的新走向，一方面要能幫助它將規模效益發揮到最大，同時也要在業務的所有層面創造出足夠的彈性和應變能力。

到了二〇〇二年，公司的業務已變得複雜萬端，這裡面顯然出現問題了。同年四月，《時代》雜誌刊出一篇文章，標題道出大多數人的心聲：「可口可樂沒氣了嗎？」（Has Coke Lost Its Fizz?）[5]

可口可樂出現經營難題，但是大多數人都看不出來這和設計有關。要了解這兩者之間密不可分的糾結關係，可不是突然頓悟，或在會議室裡驚呼一聲就能發現的。幾十年來，這家公司幾乎是憑著直覺，利用設計打造出價值數十億的多國企業。然而眼下，可口可樂已無法像過去那樣，把這項能力運用得那麼有效率。

電影《征服情海》和我

我加入可口可樂那時，情況就是這樣。我一上任沒多久，就知道我們需要改變，而且規模比我想像的大很多——這家公司需要**重新設計**它當初的設計方式。我也知道，要達到這項目標，也就是得翻轉整個公司的設計走向，必須把每個人都**變成設計師**。他們必須把自己當成設計師，也必須知道，他們每天所做的決定都和設計有關，都可以幫助我們利用設計贏得勝利——幫助公司成長壯大。老實說，我知道我們必須做什麼；我只是不知道我們該怎麼做。

有一天，我正在讀華理克（Rick Warren）的《標竿人生》（*The Purpose-Driven Life*），我開始把他哲學裡的幾個要點，和我認為可以在可口可樂公司進行的設計改造連結在一起。華理克在書中提出的基本問題是：當你回顧你的一生，從開始到結束，你是否有善用你活著的時間，**活出你的目標**？你是否有善用你的時間，去做有意義的事？

在我讀這本書之前，從沒想過要把**目標**（我們所作所為背後的真正意義）和設計連結在一起，但它來得正是時候。我突然覺得，應該寫點東西，一則故事、一本白皮書或一篇宣言，把這些點連結起來。我有種《征服情海》（*Jerry Maguire*）上身的感覺。

看過這部電影的人，一定都還記得男主角麥高瑞（Jerry Maguire）頓悟的那一刻。我沒有像麥高瑞那麼激動，通宵熬夜或一大早跑去金考快印（Kinko's），但是我的強度確實足以寫出和麥高瑞一樣的劇本。我坐在書桌前，開始寫。那天結束前，我已經寫出一份二頁長的宣言，名為「打造品牌，靠設計」（Building Brands, By Design）。[6]這份報告企圖把我們每天在世界各地做的事，也就是設計成千上萬種東西——從包裝到冰桶到各種行銷傳達，從網站到零售環境，到特許執照到卡車等——與我們面臨的商業挑戰結合在一起，說明我們可以把設計當成一股強大的力量，帶動企業成長。

當時，占公司一半營收的旗艦品牌可口可樂，正在走下坡。在公司內部，我們常說可口可樂是公司的氧氣，它為我們所有的品牌組合帶來光環效應。當它表現不好時，其他品牌都會跟著遭殃；如果它的業績成長，其他品牌也能分享到滴漏效應。

因此，公司的設計革命必須從可口可樂開始。

我知道，如果要示範一種思考設計的新角度，我們不能從企業裡的小品牌下手，我們必須從可口可樂開始。如果我們可以把可口可樂的成長和設計拉上關係，往後我們想做什麼都會無往不利；因為到那時，我們不但有信心，也有結果可以證明我們需要打造系統性的變革。

那份宣言從第一頁開始，我就希望能幫助每個人了解，設計可以怎樣扮演更重要的角色。

我擘畫出我的大構想，把它稱為「**鎖定目標做設計**」（designing on purpose）。

鎖定目標做設計指的是，把設計當成一種策略，與我們的成長策略具有明確的連結；這種設計可以同時創造規模與靈活，橫跨市場和媒體；這種設計能夠啟發人

心。鎖定目標做設計，最終將是一種引領文化的設計。

我接著指出一些以策略性手法運用設計的公司：麥當勞利用它的視覺識別系統幫助組織整合；蘋果公司把設計當成它的競爭優勢；耐吉利用設計建立聲譽；福斯汽車則是利用設計打造出宛如信仰般的企業文化。

宣言的第三頁，把焦點聚集在我們可以採用哪五大策略鎖定目標做設計，並說明組織內部的不同功能可以如何實現這些策略，創造出通用於全企業的設計走向。

我的重點很清楚：設計不是什麼深奧的學科，只能由總部的菁英團隊掌控；設計是一種日常責任，擴及到企業裡的每個功能、每個地區和每個品牌。為了讓設計發揮最大的功效，我們每個人都得扮演好自己的角色。

我在宣言的結尾寫道：「機會很大。機會就是現在。把設計當成策略優勢是一種機會，或是我們的責任？我們可以也應該成為其他企業的典範，讓它們把我們奉為偉大設計的標竿。我們需要鎖定目標做設計。」

洋溢在這份文件裡的熱情，應該足以讓芮妮‧齊薇格熱淚盈眶。我可以想像她低聲說著：「你的『策略』打動我了。」

我還記得寫完後，我用電子郵件把宣言寄給我在公司裡接觸過的每一位（以及更多還沒碰過的）高層管理人員。

如今回顧，我依然對當時的勇氣感到震驚。如果碰到一個寬容度較低的公司，我恐怕就會像麥高瑞那樣被炒魷魚，還會被烙上無可救藥的天真標記。

幸運的是，我非但不用去人資部門交出我的徽章，反而還出現了奇蹟——這個想法獲得採用。過沒多久，人們就開始用「鎖定目標做設計」來形容我們所做的變革。那幾個字眼或那份文件裡並沒有什麼神奇魔法，但不知什麼緣故，它在對的時間成為那件對的事，讓事情就此展開。

重新設計設計走向

這份簡單的三頁文件，在可口可樂公司開啟了將近十年的鎖定目標做設計。隨著時間發展，我們引進一套以系統為基礎的設計走向。它能同時帶給我們規模與靈活，前者是我們需要的設計一貫性，後者則是我們缺乏的快速應變能力。這些並非要在一夕之間完成，這是一趟邊做邊學的旅程。

我們首先從大家最容易理解的領域著手：品牌與傳達，接著轉移到包裝和設備，然後處理零售體驗。最後，我們把設計走向深入業務運作、物流系統和供應鏈。

不過，真正造成不同的，是我們把設計開放給每個人、每項業務和每個地區。我們的目標，是要改變每個人做設計的方式，讓每個人都變成採用共同走向的**設計師**，無論他或她的職稱是什麼。

在這段變革時期，世界也改變了，出現了我們十年前無法預見的挑戰，包括社交媒體興起、原物料短缺、全球經濟大混亂、地緣政治不穩定、環境永續課題日益嚴重、中國崛起，以及其他金磚三國（巴西、俄羅斯和印度）晉升為全球新興中產階級。

儘管如此，過去十年，整體而言，是可口可樂還不錯的一段時期。它的產品組合裡增加了幾個十億美元的品牌，股價也翻漲了一倍。可口可樂預計在二〇二〇年讓業務規模倍增，目前正穩定朝這個目標邁進，這等於是要在十年內複製該公司過去一百年累積的成果。

當然，設計並不是可口可樂這波成長的唯一因素，但它確實扮演了重要角色。不過大多數人並不了解，可口可樂的設計走向在過去一百年，特別是過去十年間，究竟發生了哪些演變，才讓這樣的成長得以實現。

設計的力量非常強大。一旦你弄懂設計創造價值的法門，並決定鎖定目標做設計，你就能開啟設計的力量，同時驅動企業的規模與靈活。它讓可口可樂成功了，它也能讓你成功。

第一章 設計

最愚蠢的錯誤，莫過於把設計擺在最後面，用來「收拾」殘局。聰明人剛好相反，會把設計排入「第一天」議程，並把它當成每樣事物的一部分。

——湯姆・彼得斯（Tom Peters）

如果你曾經想過，要讓你的事業成長實在很吃力，那你不妨去賣水試試看。在第一世界國家，乾淨的飲用水非常普及，而且大多數時候好像都不用錢似的，只要打開水龍頭就得了。

此外，大多數人都認為，不管你住在哪裡，水的味道基本上是一樣的。在他們心裡，美國大湍流市的水（Eau de Grand Rapids）和德國斯圖加特的H_2O（Stuttgart H2O）並沒多大差異。這裡幾乎不存在有潛力的商業模式。

然而，當你把水裝進瓶子裡，突然間你就抓到了商機：它很方便。在已開發國家，很多人會想在旅途中隨身攜帶飲用水：手機、鑰匙、水和支票。至於在開發中國家，由於當地的自來水喝起來並不安全，瓶裝水尤其不可或缺。從煮飯到刷牙，水都是必需品。瓶子讓水有了經濟潛力。

過去十年，瓶裝水在全球各地都是一門大生意。

對一家飲料公司而言，把瓶裝水加入產品組合的確很有吸引力。比方說，和果汁比起來，瓶裝水的生意似乎更簡單。沒有天候災害，沒有作物病蟲害，也不用擔心蜂群崩潰症候群*。但事情並非如此。瓶裝水的利潤非常薄，而且要把你的品牌和其他品牌做出區隔，簡直難如登天。

所以，如果你正好從事瓶裝水這行，你的每一環設計，從供應鏈到產品包裝，全都攸關生死。設計可以為你創造出強大的競爭優勢。

你可能會很驚訝，一家以數十億美元的汽水品牌聞名的公司，像是可口可樂、雪碧和芬達，竟然也有價值二十億美元的水品牌。不過，可能更少人知道，可口可樂的產品組合裡，有高達三千五百多種商品，範圍從牛奶、果汁到咖啡；還有五百多個品牌，例如高蛋白飲料核心動力（Core Power）、酷果汁（Qoo）和女性保健飲料「Love Body」。

可口可樂在全球各地擁有一百多個水品牌，包括美國的「Dasani」、香港的「Bonaqua」（飛雪）、墨西哥的「Ciel」和波蘭的「Kropla Beskido」。雖然可口可樂所有產品的主要成分都是水，但是在瓶裝水這一行裡，可口可樂算是晚生後輩。不過，挾著可口可樂的裝瓶能力和物流網絡，打進這行確實是合乎邏輯的投資。

如今，瓶裝水已經變成可口可樂最重要的業務之一。從二〇〇七到二〇一二年間，可口可樂總共賣出五十八億公升的瓶裝水到海外，還有美加兩地的二億五千三百萬公升。[1]

不過，即便是可口可樂這麼大的公司，要替它的瓶裝水品牌創造競爭優勢，也得應付接連不斷的挑戰。

比方說，幾年前，可口可樂公司最大的瓶裝水品牌「Minaqua」，在日本開始出現疲態。雖然在公司的產品組合裡它並非搖滾巨星，但是有很長一段時間，它也一路上揚，交出相當可靠的成績。然而這幾年，Minaqua的市場占有

＊編註：蜂群崩潰症候群（Colony Collapse Disorder，簡稱ＣＣＤ），指大批蜂巢內的工蜂突然消失，蜂群大量死亡，造成蜜蜂生態崩解。

率逐漸下降，竟然變成同類產品的最後一名。二〇一〇年，公司決定要做點改變。當時並不清楚問題出在哪裡：價格？取得性？包裝？廣告？顧客關係？於是公司做了一次業務調查，得到最令人沮喪的答案：「恐怕，以上皆是。」

當不同的業務元素無法連為一體，攜手驅動企業的成長策略時，業務問題就會變成設計問題。

如果你認為設計不過就是標籤的顏色或包裝的形狀，那麼，上面這段話可能會讓你大吃一驚。顏色和包裝當然重要，但是，如果你把設計想像成將所有小點串連起來的那條線，那麼它就會發揮更大的能耐，幫助你提升業務成長。你必須深入到表象底下，了解設計能夠幫助你將事業裡的每個面向連結起來，才會真正知道設計的力量有多大。

在我們開始探討可口可樂如何解決Minaqua所面臨的一大堆互連問題之前，且讓我們先暫停一下，把所有和設計相關的討論裡最教人頭痛的那個問題搞清楚。也就是：**設計究竟是什麼？**

設計是什麼？

請暫時把這本書放下來，環顧你的四周。也許你正窩在客廳的扶手椅上，舒舒服服地讀著這本書，也有可能是蜷縮在飛機最中間的座位裡。都沒關係。想像你是個考古學家，剛剛把坑底的出土文物全都搬上來，現在，觀察你四周的這些文物。

你看到的每一樣東西，都是某個人設計的。

你手上的咖啡馬克杯或是飛機上的塑膠杯、椅子旁邊的檯燈或座位頭上的頂燈、椅子、托盤桌、絨布擱腳墊、柳橙汁包裝盒、座椅上布料的紋路、空服員的制服、飛機引擎、控制影音娛樂節目的遙控器——這些東西，全都是某個人設計的。

我們大多數人都不會設計智慧型手機、電動車或摩天大樓，但是我們每個人都會設計日常事務。我們會設計會議、簡報、合約、週末計畫、桌面（虛擬的和真實的）物件配置、小孩的生日派對、晚餐的菜單等等。事實上，**我們全**

都是設計師——我們全都會設計，而且一直在設計。差別只是我們每個人都比其他人更會設計某些東西。

大多數人都知道，好設計與壞設計的不同。企業也一樣——大多數人都知道，某些企業比其他企業更會設計某些東西。因此，我們的挑戰不是我們應不應該設計。

對我們所有人都一樣，挑戰在於，如何做出更好的設計——讓我們的設計發揮最大的價值。

但是，這有可能嗎？那些頭銜上沒有「設計」這兩個字的一般人，真的可以看出好設計與壞設計的差別，進而讓自己或他們的團隊和企業變成更好的設計師？答案絕對是肯定的！

經驗學習一：從丟掉「設計」這兩個字開始

對很多人而言，「設計」一詞可能代表很多不同的意思。但設計只是一種達成目的之手段，而非目的本身。

在可口可樂公司待了幾個月後，我試著盡可能不用設計這個字眼，因為這個字眼只會妨礙對話進行。

我試著把話題集中在可以驅動企業成長的事情上，然後談論設計可能造成哪些影響，談些大家都有興趣也都可以理解的內容。如此一來，我們發現可以討論的東西有一大堆。

重點來了：談論設計時，字眼精確與否並不重要。重點是要傳達出：設計可以把事情連結起來，解決問題，創造價值。如果過程中必須使用一些比較通俗的用語，倒是不用擔心。以使用者為中心（user-centered）、層級制（hierarchy）或互動（interaction）這些詞彙本身，並沒有什麼神奇魔法。（如果你的頭銜裡沒有「設計」這兩個字，這些詞彙對你大概也沒任何意義，所以無須擔心。）

當我跟公司內部的小群體談話時，例如行銷人員、財務人員、銷售人員、會計或我們的一些科學家，我會把重點集中在設計如何創造價值。我會試著用他們圈子裡的一些例子，說明設計如何將事物連結起來，幫助他們了解設計是什麼。

我經常請大家想想他們最喜歡的餐廳。當然，食物應該不錯。不過單靠這點，你會經常去光顧嗎？餐廳給人的感覺如何？氣氛好嗎？椅子舒服嗎？店家記得你的名字嗎？桌上只有蠟燭的時候，菜單讀起來會不會很吃力？餐盤、餐具、餐桌看起來如何？線上預約方便嗎？可以在網站上找到最新優惠嗎？車子好停嗎？會不會太吵，讓你得扯著嗓門聊天？以上這些都是必要條件，但非充分條件。必須把這些全部連結起來，你的餐廳才會非常成功。

也可以用你最喜歡的假期、最熱愛的汽車，或住得最舒服的房子來舉例。設計在其中扮演了非常重要的角色，因為很多東西似乎都配合得天衣無縫，也許真的就是信手拈來，渾然天成，你甚至不會想到這有經過設計。這就是設計創造價值的方式。

因為把所謂的設計語言丟掉了，你就必須針對眼前的聽眾，找出最適合他們的比喻，來說明你想描述的內容。而這樣的過程本身，就是一種設計。

精華摘要：設計語言可能會讓很多人一頭霧水、陌生害怕。這些詞彙本身並沒什麼魔法，不是非用不可。可以針對談話對象選用最適合的替代用語，讓大家更容易理解。

好設計與壞設計的差別很容易看出來。

讓我們回過頭，用每次搭飛機都會看到的設計品項來討論。如果搭機旅行是你工作的一部分，你大概會知道，哪家航空的座位比其他航空更舒服。如果你跟我一樣，你一定曾經想過那些座位是怎麼設計的。我經常問我自己這些問題：「為什麼要把按鈕放在這裡？」、「開個燈一定要經過這麼多步驟嗎？」、「他們安裝這些座椅之前，都沒找人試坐看看嗎？」（好啦，我承認，我用過比這更強烈的字眼，特別是我得花上五分多鐘才能找到電源插座時。）

如果你曾在腦海裡閃過這些疑問，你已經在不知不覺中對這些設計做出評價，判斷出這個座位是好設計或壞設計。也許第一眼，座位看起來不賴，甚至感覺也不錯——皮革很漂亮，還是清涼的藍色系呢。但是當你真的坐進去，或想要一路睡到布宜諾斯艾利斯時，結果卻非常不舒服。顯然，在這個時候，你的頭銜上不必有設計兩個字，也不用穿上酷炫名鞋，就能對這個座位的設計做出精確的價值判斷。

藝術 vs. 設計

所以，如果每個人都是設計師，所有東西都是設計品，那麼，當你碰到某樣真正好的設計時，你又是怎麼判斷出來的呢？飛機上的座椅如果坐起來不舒服，就不是好設計，這很簡單，大家都會同意，但你該怎麼做，才能利用設計創造出真正的商業價值呢？

有太多例子可以說明，所謂的好，似乎只是情人眼裡出西施：甲字體真的比乙字體更容易讓產品大賣嗎？谷歌藍真的比其他藍更出色嗎？

人們常說：「你真的很有設計眼光。」我從來不知道這句話究竟是什麼意思。但我們確實很期待「設計」這個字眼，有一天能夠和「藝術」或「創意」之類的字眼交替使用。那麼，接下來我們就來看看，是不是能在這幾個詞彙之間做出區隔。

每個孩子天生就知道怎麼拿起蠟筆畫畫。或者，只要給他們一些通心麵、膠水和金粉，他們就能做出一些讓你驚嘆為藝術傑作的東西。好吧，就算不是藝術，你也會說你的小孩相當有創意。特別是在學校舉行家長日，你看到自己小孩的通心麵傑作掛在其他作品旁邊時，你可能會在心裡想著：「沒錯，這就是我家孩子創作的藝術品——比其他小孩的藝術品棒多了。」

藝術是非常主觀的，你甚至可以把父母對孩子的疼愛算在這裡頭。隨著我們年紀漸長，看過各式各樣不同形式的作品，才會開始對我們喜歡的那類藝術發表意見。我們的眼界擴大了，我們的品味超越通心麵傑作，提升到莫內

（Claude Monet）或蒙德里安（Piet Mondrian）。

但也僅止於此——這些都只是我們的主觀意見。在現實世界裡，創造這些作品的藝術家，通常根本不在乎你怎麼想。這是他的自我表現、他的觀點、他對手邊題材的呈現。如果你喜歡，你就把它買下；如果你不喜歡，你不會買。因為這樣，有些人說，你不可能真正了解藝術——你只要感受它或體驗它就可以了。

但是設計就不同了。

設計是有計畫地將事物連結起來以解決問題。

只有當設計能解決問題時，才是好設計。好設計會讓某樣東西更好閱讀、更容易理解、更方便使用。好設計會讓棘手的任務變得較不複雜。

因此，設計一本書指的是，設計出一種方法，將概念、語調、角色發展、字體、紙張或螢幕等等全都連結起來，將故事傳達出去，而不只是最後的成品本身。設計一支手機指的是，設計出一種方法，幫助你完成你需要用手機做的事：打電話、傳簡訊等等，而不只是硬體使用的材料或形狀。當你在手機上按下通話鈕時，必須連結非常非常多的零件，才能讓你打電話。這些零件必須通力合作，才能讓你的配偶知道晚餐你會遲到。設計的價值在於使用方便，以及可幫助你解決問題，而不只是造型好不好看。

你可以從這裡開始認識設計的價值，特別是如果你是做生意的。如果你能用設計解決問題，尤其是很多人都有的大問題，那麼就會有很多人想要購買你的產品，為你的公司工作，或是投資你的股票，而且好處還不只這些。

財務是所有生意人的主要煩惱之一：該如何提高財務報表上第一行的營收，以及／或者降低最後一行的營業費用？出現在資產負債表底端的這些數字，一點也不主觀，跟表現自我也沒任何關係。事實上，在商業裡，抽象的概念性事物大多會遭到排斥，因為商業是以追求清晰為目標，清晰明瞭才能幫助企業創造更多利潤。

如果你想成功經營一家公司，你就必須為公司、客戶和股東解決問題。這裡會碰到的每件事情都和設計有關，也幾乎都和藝術無涉。身為一名生意人，你也許可以用藝術來激勵人心，但你必須用設計來解決問題。

好的設計可以用比較簡單、比較容易、比較棒的方式來解決問題——簡單說，就是比較不複雜的作法。不好的設計可能解決了甲問題，卻會在過程中滋生出乙問題。最糟的情況是，它甚至會把簡單的事情變複雜。

好設計讓事情不複雜。
壞設計讓事情變複雜。

電視遙控器就是個經典範例。以前我有一支遙控器，每次用的時候，我的感覺都很糟。一開始，我以為問題出在我身上，是我太笨才會搞不懂。後來，我仔細讀了說明書，努力又試了一次，還是沒辦法。類似這樣的壞設計，充斥在我們生活四周，我們已經習以為常。

蘭德（Paul Rand）是我最喜歡的平面設計師之一，他是這樣說的：「大眾對於壞設計比好設計熟悉多了。事實上，大眾已經受到制約，更偏愛壞設計，因為他們每天都和這些壞設計生活在一起。」[2]

壞設計相當於預設模式，因為它最不需要費力創造。

相對的，好設計從來都不是碰運氣得來的——你必須有非常明確的目標。

一旦你了解我們每個人都是設計師，都能看出好設計與壞設計之間的差別，就必須再往下走一層，了解設計和我們看不見的無形事物有什麼關聯。

想要真正了解設計的價值，就必須弄清楚：該如何把看得見的有形事物與看不見的無形事物連結在一起。

舉個例子，回想一下你上一次尋找新公寓或新房子的經驗。你不會光找一些漂亮的門把或美麗的地毯，也不會因為車道的弧線很美就買下那棟房子，你還會考慮價格、上班通勤方不方便、附近社區的犯罪率、房子升值的空間、鄰居的素質，還有學校等等因素，才會做出決定。你要評判的東西有些一目了然，有些則是無形的——不是一眼就能看見，但卻一樣重要。

你當然是針對個別項目進行觀察，但是就「你要找一個新地方住」這個問題而言，你則是在尋找一個套裝方案或最完整的解決方案。最後促使你租下或買下那棟房子的原因，是把這些個別因素加總起來評估後的結果。你看過的每個地方，也許有一些基本的共同元素，但最後你挑中的，很可能是這些元素連結起來之後感覺最好的一個——所有事情結合在一起之後，讓它看起來比其他選項更有價值。而設計，就是用這種方法替公司創造最大的價值——將所有東西連結得天衣無縫、渾然天成、充滿吸引力。

但這一切是怎麼進行的呢？你該怎樣運用設計，將看得到的東西與看不見的事物連結起來呢？

系統與設計

還有一個方法，可以思考有形與無形的元素如何連結，那就是把它們想像成一個系統。系統的定義方式有很多，但我最喜歡米道斯（Donella Meadows）的說法，她是首屈一指的系統理論專家之一，她對系統的定義是：「一組彼此連結的事物——人群、細胞、分子或其他任何東西——它們的連結方式會讓它們逐漸發展出自己的行為模式。」[3]

我覺得最好記的定義是：

系統就是一組元素和行為連結起來共同做一件事。

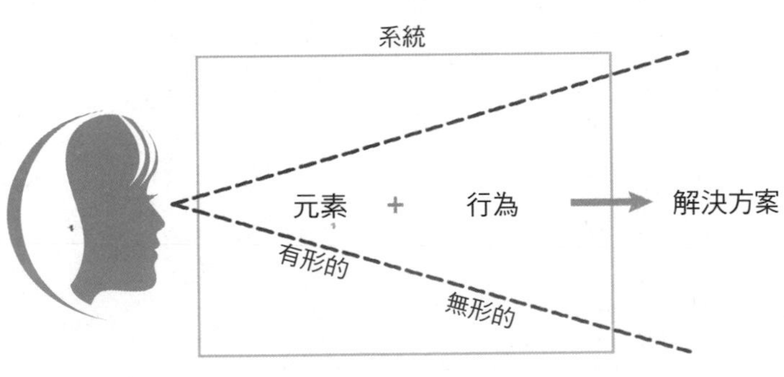

大多數時候，元素是看得到的，是有形的東西，例如門把、鈕扣、產品包裝等等。但行為就比較難看得到，行為指的是不同的元素如何一起運作，執行某件事。

如果你是企業經營者，你的目標就是要確保有形的東西（你的產品、你的傳達、你的員工等等）和無形的東西（你的夥伴關係、你的流程、你的文化）可以彼此連結，幫助企業成功。如果連結的方式錯誤，就可能阻礙企業成長。正是因為這樣，設計才和策略有關——換句話說，你的設計方式，或你將有形與無形連結起來的方式，確實會帶動成長或阻礙成長。

例如，是什麼因素讓某支足球隊勝過另一支？表面上，它們看起來都差不多，球員人數相同，制服差別不大，穿同樣的鞋子、踢同樣的球等等。不過一支球隊能打贏，牽涉到的因素可比這些事情多很多。

每個人都知道，球員在球場上彼此之間的連結配合，會創造出極大的力量。每支隊伍都有贏得勝利的獨門方法。因為，當你關注一支球隊時，例如西班牙的皇家馬德里或德國的拜仁慕尼黑，你驚嘆的不只是你看到的東西，還包括你看不到的那些。身為一支球隊，他們的設計目標就是贏球。

對企業而言，挑戰在於：如何設計商標、產品和供應鏈等元素，讓它們能夠通力合作，創造企業的成長。

接著，讓我們拿一個設計得比較差的系統，來和足球隊做對比。

在美國，總統歐巴馬選擇全民健保作為總統任內最重要的立法。[4] 要讓每個人都能享有健保，是一個非常龐大和複雜的問題——需要一套全面性的端對端（end-to-end）解決方案。

然而，當這項規畫在二〇〇三年底推出時，可以清楚看出裡面有個大問題——一個設計問題。很多人都把焦點放在看得到的有形面上，也就是健保局的網站：www.healthcare.gov。想要在這個網站上登錄或尋找服務提供者，過程超級複雜。很多人都抱怨，網站速度很慢，等了老半天之後，竟然還出現類似這樣的錯誤頁面：「Error from: https%3A//www.healthcare.gov/oberr.cgi%3Fstatus%253D500%2520errmsg%253DErrEngine

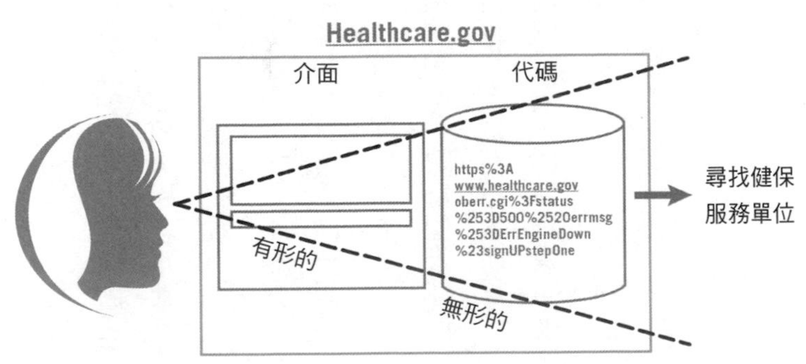

Down523signUpStepOne」。

不過，很多人不清楚的是，健保網站的前端介面是由甲公司設計，但後端，也就是負責處理不同程序（登錄、搜尋等）的伺服器端代碼，卻是由乙公司設計。每個人都可以看到的使用者介面，也就是那些按鍵和照片等元素，只是美國健保局網站的一部分。而後端，也就是那些代碼，則是我們看不到的部分，負責驅動相關行為，找到服務提供者。每個部分各自設計，互不相關。不管這個設計流程是由誰主管，他顯然沒有把所有的元素和行為當成同一套系統，沒有**根據目標有計畫地將所有元素和行為連結起來，解決問題**。

等到問題變得很明顯後，團隊才開始修理這個麻煩的網站，讓每個人都能同步運作。到了十二月，他們提出報告，表示網站「對絕大多數使用者而言，運作順暢」。[5] 終於可以把事情連結起來了——從後端到前端，再到登錄使用的民眾。

我們太常看到，問題並非獨立存在。你不可能解決甲而不影響到乙。設計就是要在這些很難看到或量化的地方創造價值，將事物串連得更平順，讓整體的使用經驗得以提升。

專業設計師就是靠這項本事討生活。他們是連結專家，知道如何把橋梁、高速公路和機場連結起來。進到機場後，他們也了解如何把自助報到機、安檢線和登機口的座位連結起來。他們懂得如何把所有這些東西和航空公司的飛行模式以及世界另一頭的城市、公路和橋梁連結起來。

他們就是負責把你網站上的使用者介面連結到付費系統、倉庫以及產品包裝箱和填充氣泡紙的那個人。你不用是專業設計師，也能知道這些事情是不是連結得很好；只要每件事感覺起來都變得不那麼複雜，那就對了。更何況，如果連結得不好，問題一定會出現：設計不良的高速道路會塞車，設計不良的網站會讓使用者還沒買到東西就跑了，設計不良的安全系統則會讓你錯過航班。

每個人都能學會如何把事物連結起來，讓事情變得簡單、容易、不複雜。連結可以套用在機器之類的有形物件上，也適用於供應鏈、組織結構和消費者關係之類的抽象事務。

當你把解決方案設計成一套系統時，就能解決企業上下彼此連結的許多問題。

接著，就來看看實際運作的情形，讓我們回到日本，那裡的可口可樂團隊正在努力修正遇到麻煩的瓶裝水事業。

重新設計Minaqua

Minaqua牽涉的議題不只一個，而且有很多。這些業務問題每一個都是挑戰，麻煩的是，它們還環環相扣，所以變得更複雜。只解決其中一項，並無法讓生意起死回生，它們需要用某種方法同步解決。

不過，要從哪裡開始呢？也就是說，你要怎麼開始重新設計**每一件事**，而且是在**同一時間**？

賣水和賣智慧型手機不一樣，你不能只是重新設計產品造型，或添加一些視網膜螢幕之類的新特色，就能搶下市場占有率。Minaqua團隊知道，它需要設計新的廣告，可能還有新的網站，新的包裝大概也跑不掉。它也知道，必須檢視產品的價格策略、客戶關係，以及供應鏈。它知道必須整合所有這些元素，才能讓公司再次成長。

一支多功能、跨領域的小組，在東京成立。成員包括設計師、策略規畫師、行銷人員、工程師、品牌經理人、客戶關係經理人，以及精通製造和後勤的裝瓶業務專家。他們觀察到一個關鍵重點：在日本，回收不是有可有無的事，而是一種生活方式。日本的塑膠回收率高達七成，鋁罐更是超過八成。[6]

（和日本相較，美國的回收率只有三・一五成，令人失望。）[7]當小組回過頭來檢視Minaqua時，發現這項產品顯然無法和上述洞察產生任何連結。

如果小組可以深入研究日本人舉國上下致力做環保的行為，然後以這項洞察為核心，重新設計整個水品牌，或許有機會翻轉公司的頹勢。

另外還有一個數據引起小組的注意。單單東京一地，就有一千三百萬居民。雖然東京已經掉出世界最大城市的排行榜外，但高達八百平方英里的大都會面積，外加兩千萬的人口（如果把橫濱加進來，就有兩千六百五十萬人），還是可以讓它號稱是世界最大城。這裡的生活費用也非常高昂，經常在世界最貴城市排行榜裡占居榜首。[8]

這表示住宅價格呈現陡勢，特別是市中心，而公寓的平均面積相當小。根據《紐約時報》報導，一般的單位面積大約是七十平方公尺。[9]美國公寓的單位面積是兩百一十四平方公尺，澳洲則是兩百零六平方公尺。[10]

Minaqua小組為什麼要關心東京住宅的面積大小呢？很簡單：一箱包裝水的空瓶會占掉價格昂貴的空間。在家裡有車庫的芝加哥郊區，這可能不是什麼大問題，但是在一個寸土寸金的地方，體積可就事關重大。

問題很清楚：銷售量下滑、產品沒有區隔性、包裝面臨挑戰。不過機會也很明白：舉國上下對於回收的熱情，以及面對困難障礙時想要把事情做好的渴望。

二〇〇九年，可口可樂日本公司推出全新的日本水品牌：ILOHAS（Lifestyles of Health and Sustainability，健康永續生活風格）。以全新的「Flex」瓶當包裝，空瓶的重量只有十二公克，比其他塑膠瓶的重量輕四成，是日本最輕的包裝瓶。使用一個這種輕瓶子，可以讓製造過程中減少約三千噸的二氧化碳排放量，相當於二萬四千畝森林的吸收量。這也意味著運輸重量比較輕，可以降低回收過程所產生的廢氣，要處理的廢棄物排放量也會比較少。公司掌握了鎖定目標做設計的原則：將系統裡的所有環節串連起來——從減少製造過程中的塑膠用量（節省成本），到追求更小量的碳足跡（減少對地球的衝擊）。

不過，這還不是最有趣的部分。因為瓶子很輕，很容易就能用手扭成一條塑膠麻花，這表示它在回收箱裡占據的空間會比一般瓶子小很多。除此之外，扭的時候還會發出好聽的喀嗤聲，那種開心的感覺，就跟捏泡泡紙一樣強烈。

還有，這項設計也解決了小組發現的另一個問題：女人不喜歡用鞋子把瓶子踩扁。萬一你的吉米周高跟鞋跟被踩扁的瓶子卡住，真是說有多討厭就有多討厭。

ILOHAS想要傳達的訊息是：這是一瓶「你可以用小動作改變世界的水」。日本小組還在廣告中設計了一套生活新儀式，來強化品牌想要傳達的訊息。儀式本身很簡單：一選，二喝，三扭，四回收。

這項簡單的訊息在日本像病毒一樣蔓延開來，消費者紛紛在YouTube上貼出自己扭瓶子的影像，藝術系學生還用被丟棄的瓶子製作各種影片。更棒的是，雖然這個品牌採取高價政策，但銷售量不到半年就飆升了幾十倍，連帶讓回收量暴增。

最重要的一點是，沒有任何一樣東西比其他東西更重要；成功的關鍵在於，如何利用設計讓每個元素與其他所有元素通力合作。

所以，你要從哪裡開始呢？這句話對你的團隊、你的部門、你的公司代表什麼意思呢？你怎能保證你的設計方式可以幫助你贏得成功？其中一個方法，

就是在你開始煩惱該**如何**做某件事之前，先確定你很清楚你**為什麼**要做那件事。有一場很著名的TED講座，曾經解釋過這個方法的效用。

設計「為什麼」

你聽過黃金圈（Golden Circle）嗎？這是西奈克（Simon Sinek）提出的一個模型，他是一名研究員、作家和教育家，他首先在《先問，為什麼》（*Start With Why*）這本書中提出黃金圈模型，接著在二〇〇九年的TED講座中擴大闡述。

西奈克用三個同心圓的簡單模型，討論「做什麼」（what）、「怎麼做」（how）和「為什麼」（why）之間的依存關係，如何影響大人物和大公司贏得成功。偉大的領袖、公司或個人，會先問**為什麼**，會從這裡開始「思考、行動和溝通」，同時「激勵別人採取行動」。他們會先關注目標，也就是為什麼要做這件事，而不會先想可以**怎麼做**或要**做什麼**。你可以想像，他是個溝通大師，只要看過他的影片，就很難把他那句口頭禪從腦海中抹除：「人們不是買你做了什麼，人們是買你**為什麼**做它」。

黃金圈

我第一次看西奈克的演說影片，就被他嚇了一大跳，他居然能把這麼複雜的概念講得這麼好懂。看了幾次之後，我記得我拿起一張便利貼，在上面畫了三個圈，然後把**設計**這個字加進去。

在我初次接觸到西奈克那時，我們已經花了將近五年的時間，設法改造我們的設計方法，也就是我們「怎麼做」設計。在我的麥高瑞宣言裡，也曾提出同樣的想法，表示我們應該永遠秉持「鎖定目標做設計」的精神，從**為什麼**開始。我們將在第二篇討論的那些專案，像是自由混搭汽水機、行銷工具「設計機器」，以及五音符旋律等，當時也都處於全面發展階段。

我不過是把**設計**一詞加到西奈克的模型上，馬上就發出叮的一聲——設計的**為什麼**、**怎麼做**和**做**

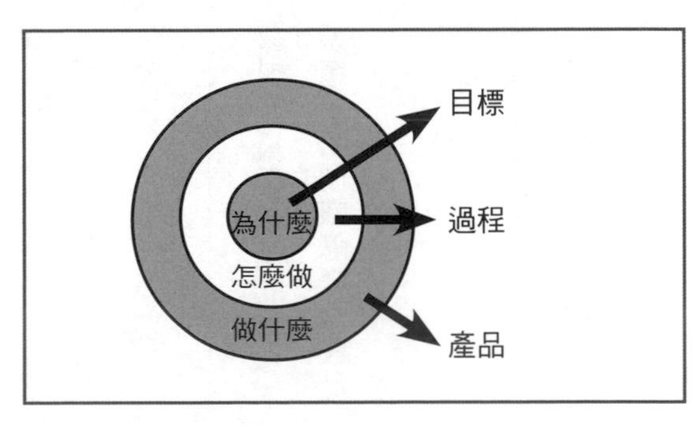

什麼之間的所有依存關係，頓時串連起來。於是我開始運用西奈克的模型來談論設計。

如今，黃金圈這個模型裡已經沒有任何**魔法**，它就只是另一項工具，可以幫助每個人更加了解設計，並創造出更多價值。不過，西奈克的模型確實讓我搞清楚，當公司在為組織裡的設計角色傷腦筋時，常常會忽略掉的一些東西。

大多數公司都把焦點擺在它們設計了什麼。但是可以讓設計發揮最大價值的公司，卻會從「為什麼做設計」著手，然後以目標為核心，塑造出它們該怎樣做設計（它們的過程）。

接下來在這本書裡，我們將會利用這套架構，從整體的角度思考設計。**為什麼**＝為什麼我們要設計＝我們的設計**目標**。**怎麼做**＝我們怎麼做設計＝我們的設計**過程**。**做什麼**＝我們設計什麼＝我們設計什麼**類型**的產品或服務。

經驗學習二：你有沒有從整體的角度思考設計？

回答下列三個問題：

一、設計和你的成長策略是否一致？

從問「為什麼」開始——是什麼目標驅使你在組織裡採取該種方法做設計？你的成長策略是透過規模追求成長，還是藉由靈活追求成長？

二、你的設計過程是什麼？

接著問「怎麼做」——你的設計過程是什麼？你有將組織裡怎麼做設計的方法編纂成條例嗎？這些方式和你的成長策略一致嗎？——是否符合你的「為什麼」？如果符合的話，該怎麼讓組織上下貫徹你的走向？

三、你的產品或服務能夠讓你的「為什麼」得到實現嗎？

是不是每件事情都已經連結起來，讓你能將日標落實？無形元素和有形元素是否連結？當你檢視你的產品或服務時，是不是所有的元素和行為都彼此連結，共同驅動你的「為什麼」？

從整體的角度思考設計，將**為什麼**、**怎麼做**和**做什麼**全都考慮進去，可以為所有人創造競爭優勢和成長。但是該怎麼做，才能將這個簡單的想法內化到一家行銷兩百多國，並擁有好幾個十億美元品牌的企業呢？了解設計的力量是一回事，但能創造出設計價值的公司卻很罕見。

一百多年來，可口可樂公司一直以策略性手法利用設計擴大規模，藉此帶動業務成長。不過，我們在ILOHAS這個案例中看到，想在今日的世界贏得成功，單靠規模是不夠的。我們的設計走向還得夠靈活，才能因應變化多端的環境和需求。

大多數能在全球規模上成功運作的企業，都已經想通了這一點。所以，你能在法國的麥當勞吃到麥克棒子麵包（McBaguettes），[11] 在印度的麥當勞吃到麥克素漢堡（MacAloo Tikki）。[12] 不過，本章舉出的Minaqua案例告訴我們，今日需要的靈活應變能力，還得更上一層樓。在現今這個複雜的世界裡，光是把同樣的產品用琳瑯滿目的形式和各式各樣的管道擺到市場上，是不足以創下佳績的。

我們需要更宏闊的思考。我們需要思考能源短缺——以ILOHAS為例，瓶子的材料是塑膠（聚對苯二甲酸乙二酯，ＰＥＴ），我們要思考如何讓用量降到最低。我們需要思考為什麼，也就是相關脈絡——在這個案例裡，日本公寓由於空間狹小，不可能在廚房裡放一個回收空瓶的垃圾箱。我們需要思考文化——在東京，以永續發展為核心的日本精神。我們需要思考社交媒體——以ILOHAS為例，就是要設計出一套可蔚為風行的回收儀式。簡言之，公司需要思考產品的整體性，從產出到使用壽命告終，找出一種設計方式，創造出最大的競爭優勢，同時讓合夥人分享到最大的價值，無論他們是飲料零售商、包裝回收業者，或是單純想在容器使用過後善盡處理責任的消費者。

在下一章，我們將深入一步探討設計可以怎樣創造規模。我們將向各位讀者介紹，可口可樂公司如何以高超的策略性手法，利用設計讓它從一家新創小公司擴大成十億美元的多國企業。

第二章 規模

美國最偉大的地方在於，它開啟了一項傳統，這個國家最有錢的消費者購買的東西，基本上和最窮的人是一樣的。你打開電視看到可口可樂，你知道總統喝可口可樂，伊麗莎白・泰勒喝可口可樂，然後你想到，你也喝可口可樂。可樂就是可樂，就算你有再多錢，也買不到比街角流浪漢正在喝的那瓶可樂更好喝的可樂。所有的可樂都一樣，所有的可樂都好喝。伊麗莎白・泰勒知道，總統知道，流浪漢知道，你也知道。

——安迪・沃荷（Andy Warhol）

什麼東西讓一家公司變偉大？當然是超級產品。不過根據超級暢銷書《從A到A⁺》（*Good to Great*）的作者柯林斯（Jim Collins）的說法，答案是獎勵優秀與紀律的公司文化，以及一名不起眼的執行長。但是，得到柯林斯認證的許多公司，雖然都有打中目標，但這幾年的發展並不特別亮眼。

在今天這個高度波動的市場裡，區分贏家與輸家的關鍵，似乎就看誰有能力讓業務成長，同時守住核心價值主張，以及誰有才華可以隨機應變，迎合不斷變化的市場需求。簡單說，前者是擴大規模的能力，後者則是靈活應變的訣竅。

一八八六年可口可樂公司剛成立時，就跟今日許多新創事業差不多：創立者擁有追求成功的滿腔動力，一點點錢，加上一大堆經營問題。不過，在這家公司的發展歷程中，有幸碰到許多很棒的領導人，他們展現出洞燭機先的市場嗅覺、冒險犯難的嘗試精神，以及與時俱進的卓越靈巧，套用現在的流行名詞，就是**軸轉的意願**（willingness to pivot）。

讓我們快速瀏覽一下可口可樂的歷史，看看是哪些決策點燃它的成長火力，讓它從某人的一個好點子發展成一家數十億美元的公司。

可口可樂的創辦人彭伯頓（John Pemberton）是一名專業藥劑師，他有一把大鬍子和一種新藥汁的神祕配方。一八六九年，他來到喬治亞州的亞特蘭大，那時南北戰爭才剛結束四年。受傷退伍的彭伯頓，正在尋找嶄新的開始。

和所有創業家一樣，他有個剛萌芽的點子，想要開創自己的事業。因為沒錢，他搬進一家寄宿公寓，和其他也想白手起家的創業者一起生活工作——一種早年版的共用工作空間（co-working space）。

沒多久，他就創辦了彭伯頓化學公司，開始籌募他的第一批種子基金。當時，新飲料的市場正處於爆炸性成長階段，這些飲料就是當年的ＡＰＰ應用軟體。沙士、胡椒博士（Dr. Pepper）和其他相關產品，點燃了快速成長的市場。彭伯頓也對自己的「獨角獸」（unicorn）寄予厚望，只要他能開發出稍微不一樣的東西，他相信成功指日可待。

接下來那幾年，他陸續推出六項新產品，但全都吃了敗仗。他就是找不到契合市場的那項對的產品。

然後，轉機來了。他在銅壺裡調出一種可樂味道的糖漿，然後混入蘇打水，這項新產品在亞特蘭大一家蘇打冷飲店裡獲得一小群飲料迷的熱烈歡迎。

一八八六年，他將投資者聚集在一起，舉辦一場快速展示會，並對新產品做了簡報。他們愛上這款新飲料，決定投下更多資金支持他。第一關過了，不過彭伯頓知道，想在一八八〇年代的瘋狂飲料市場中與別人競爭，單靠一種產品是不夠的。他必須讓他的產品脫穎而出，他需要打造一個強而有力的品牌。

彭伯頓的投資者非常樂意提供幫助。公司的新會計羅賓森（Frank Robinson），很喜歡當時流行的押頭韻熱潮。他建議把這種新配方飲料取名為「可口可樂」，還用他龍飛鳳舞的手寫字寫出公司的logo。未來全世界規模最大的品牌之一，就此誕生。

彭伯頓和大多數的創業者一樣，努力與規模搏鬥。

彭伯頓第一年的總營收是五十美元，成本是七十六美元。第二年，情況似乎沒有好轉的跡象。他的錢燒完了，身體也搞壞了。

一八八八年，已經開了三家公司的創業者坎德樂（Asa Candler）和彭伯頓碰面，開價兩千三百美元想要買下他的公司。彭伯頓有了下台階，坎德樂則開始推銷可口可樂。坎德樂花了將近三年的時間獨立創業，並不斷改進，終於建立出一套可運作的商業模式。他把公司名稱改為「可口可樂公司」（The Coca-Cola Company），並開始增加員工，擴大公司的運作規模。接下來，坎德樂和公司的五十名員工，花了十年的時間，把可口可樂擴張成擁有百萬美元資產的全國性品牌，在美國的每一州都有設點。

一八九九年，坎德樂對公司的商業模式做了另一次變革，這將是一場為期一世紀的大軸轉。兩名來自田納西州的年輕創業者湯瑪斯（Benjamin Franklin Thomas）和懷海德（Joseph Whitehead），向坎德樂提出一個點子：他們打算成立一家新公司，讓消費者可以輕輕鬆鬆在旅途上喝可口可樂。坎德樂雖然半信半疑，最後還是以一美元的價格，把販售瓶裝可口可樂的權利賣給他們。[1]

沒想到這套方法居然成功了，讓坎德樂大吃一驚。他很快就採用一種連鎖加盟的商業模式，打造出由數百家獨立裝瓶公司組成的連鎖網絡。在這個過程中，他推出的不僅是一家高成長公司，更是一門新興產業。坎德樂可說是軟性飲料產業界的福特（Henry Ford）。

一九一九年，一群投資者用兩千五百萬美元買下可口可樂公司。他們將公司重新整併，公開上市，以每股四十美元的價格賣出五十萬個普通股——是當時食品飲料產業最大規模的公開募股。四年後，伍德魯夫（Robert Woodruff）獲選為董事長。這位年僅三十三歲的董事長，將在接下來的六十年間，把可口可樂變成「垂手可得的渴望」，打造出全球最有價值的品牌之一。

本章，我們將會說明可口可樂公司如何以策略性手法利用設計擴大規模，從一家新創小公司變成十億美元的多國企業。

利用設計擴大規模

套用西奈克的模型，在這個案例裡，**為什麼**＝設計目標＝**規模**。**怎麼做**＝過程＝**簡化**、**標準化**和**整合**。**做什麼**＝要被設計的產品＝藍寶堅尼。

別懷疑，我們的確是在討論一家飲料公司，請先耐住疑惑，跟我一起看下去，最後你會發現這麼說很合理。在我們搞清楚該怎麼擴大這些時髦跑車的規模之前，先讓我們探討一下比較常見的情況，比方說一家剛成立的新創公司裡的幾位創業元老，想要推出以應用程式為主的新業務，在這種情況下，規模代表什麼意思。

關於規模

讓我們從規模的簡單定義開始：

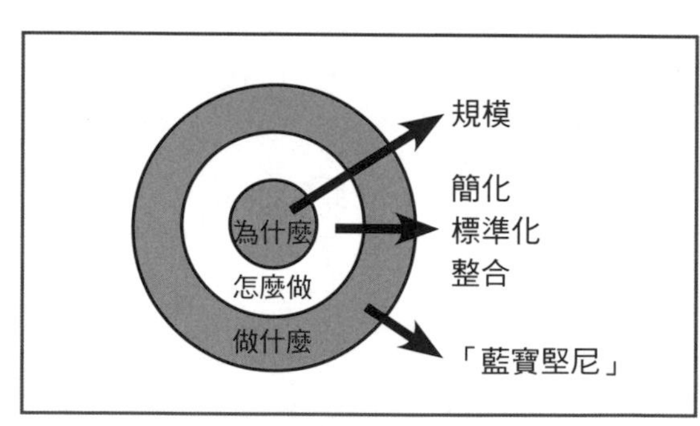

規模指的是在不降低品質或利潤的情況下提高產量。

所有公司都得在某個方面與規模搏鬥。每家公司都想要擴大到下一個階段，而無論它們如何定義下一階段，這個過程對新創事業總是特別艱難。所有新創事業都是暫時性的，它們存在的目的，只是為了找到一個可行的商業模式；它們的目標，是從草創狀態成長成一家大公司。讓我們設身處地想像一下，如果在一家新創公司工作，生活會有多不穩定，而擴大規模又是多麼困難的一件事。

有許多新創事業的價值主張（value proposition），都是從一款應用程式開始。應用程式可以讓剛成立的公司以非常快的速度擴大規模，而且幾乎不用增加新的資源。假設，我們的產品是一個可以幫助求職者找到臨時性工作的應用程式。

上星期一，我們推出最新版的應用程式，裡面增加了我們正在測試的一項新功能。到了第二週，我們看到新版的接受度大增，用戶多了兩倍——真是太驚人了！同一個禮拜的星期四，我們努力了好久，一直想談成的一場交易落空了——真是大災難啊！因為少了這筆生意，我們就沒本錢往新市場擴張；少了這筆生意，我們就無法和巴西那家新創事業競爭，那家公司上個月才成立，而且把目標鎖定我們的用戶群。聽說他們的資金雄厚，反應快速。那天下班前我們聚在一起開會，想要弄清楚是否有可能延長種子基金的募集時間，找到另一位合夥人。但是開完會時，每個人的想法都是：**遊戲結束——六個月的努力血本無歸**。

星期六，我們跟一名可能的新客戶做了一次快速測試。我們簡報了一個構想，那個構想可能會讓我們轉向Ｂ２Ｂ的商業模式。隔週，我們決定軸轉，用一個完全不同的名字，重新推出新的Ｂ２Ｂ模式。兩個禮拜後，我們花了好幾個月時間企圖爭取到的那個企業大客戶，終於簽了合約。我們重回正軌，準備大展身手，改造世界。

這種變形金剛的經營模式不是長久之道。新創事業的命運只有兩種：一是跑到沒路可跑，然後一命嗚呼——也許是沒有能力僱用好的團隊、增資擴充，也許是沒有辦法找到需要的客戶，或是其他一大堆問題裡的任何一個；另一種就是成功達陣——公司的商業模式通過考驗，平穩發展。成功的新創事業開始創造營收，它的品牌也開始累積聲譽。到了這時，它已經從**新創**變形成**企業**，關心的焦點也跟著轉換，變成如何擴大營運、團隊、客戶群和生產流程的規模。

規模是所有新創事業的挑戰。這通常意味著兩件事：擴大產品規模，以及擴大商業模式的規模。聽起來很簡單，其實不然。大多數的新創事業都會在這過程中陣亡。新創事業如果想要變成可以存活下去的企業，必須回答以下這些問題：

一、我們要怎麼做，才能創造出規模可大可小的產品？

隨著規模擴大，模式就會開始發展。你的挑戰是要找出辦法，當客戶要多的時候你能給多，要少的時候你能給少（而且要維持相同的品質水準）。如果你能找到方法，根據需求增減產量，你就能夠管理現金流量，營造品牌信用，確保股東團結一致，並有希望能吸引到忠實客戶。

二、我們要怎麼做，才能打造出可以擴大規模的商業模式？

第一個問題和質有關，這個問題則是和量有關。如果你處於新創階段，要在一個高速成長的產業內部找到許多人需要的產品，真是無比艱難的一項任務，這甚至比弄清楚該怎麼製造、配銷和販售獲利更難。就像我們先前講過的，十家新創公司裡大約只有一家能夠成功。

如果你就是那十分之一，你的下一步就是找出方法，**用同樣的成本做出更多產品**。例如，如果第一年你的營收有一百萬，營運成本是十萬，那麼第二年的目標就該設定為：用十萬的營運成本創造兩百萬的營收——也就是成本持平，營收增加。如果你用二十萬的成本創造兩百萬的營收，你的商業模式就無法擴大規模。

經驗學習三：努力得到他人接受，而非累積個人信用

每個人都希望因為工作出色而得到認可，這是人類的天性。但我發現，如果你真的想創造改變，有一件事比為自己打造名聲更重要，那就是要得到他人接受——讓公司裡的每個人都想和你朝相同方向前進。想要得到接受，有一點很重要，就是不要去煩惱事情成功之後能不能增加你的個人信用（或是不要去擔心，事情搞砸之後會不會遭受批評。）

我受邀演講時，幾乎每次都有人問我，該怎麼做才能得到接受。問句總是有些不同，例如：「怎樣讓不同的團隊一起為專案合作？」或是「怎樣才能讓我們的資深經理人把焦點放在創新上？」

我的回答倒是都一樣，總是用這句話開頭：「記住，你不是重點。」如果你想利用公司、品牌或合作的夥伴替你個人博得大名，事情永遠行不通。人們老遠就能看出這種企圖。不管你多常發表演說，推特上有多少朋友，或是上過多少本雜誌封面，如果你在乎的主要是自己，只想確保所有的讚美和榮耀都會回到你或你的團隊身上，就無法得到真正的改變。

二〇〇九年，《高速企業》（*Fast Company*）雜誌把我列入該年度「設計大師」專刊的採訪對象。當我得知它們有考慮我時，我當然非常興奮。誰不會呢？不過，說實話，我也很害怕。當你接受雜誌或其他媒體訪問時，你永遠不知道後果會怎樣——因為你無法控制它們怎麼寫。

在這個機會之輪轉動時，我們已經花了五年，打造出由設計力驅動的文化，並且有了重大進展，成果超出我當初的想像。我們有很多可談的東西，有很多驗證點，還有很多得到接受的經驗。我最不想做的一件事，就是把這一切成果弄成像是我一個人的功勞，並因此讓整個主軸偏離軌道、失去信任，甚至讓公司有遭到背叛的感覺。

當記者來到亞特蘭大採訪我時，我慫恿她多跟不同的人談談，除了我這個設計小組之外，還包括不同層級與不同地點的公司員工。通盤了解這家公司對設計的看法，這點真的很重要，因為只有當每個人都想朝同樣的方向移動時，我們想靠設計達到的目標才有可能成功。我們已經把設計推動成一種思考方式，而不只是做事方式。

專刊登出時，一開始有點緊張（畢竟是我的臉刊登在封面上），不過看過文章的人大多認為，這篇文章是對公司的肯定，而不是大衛・巴特勒。大家都很驕傲，可口可樂公司被視為設計力驅動的典範，這正是我最希望的結果。

精華摘要：重點不是我——重點永遠是我們。

簡化、標準化、整合

回到黃金圈那個模型上，在這個案例裡，**規模＝我們的「為什麼」＝我們的目標。我們怎麼做設計和我們設計什麼這兩點，**都必須配合以規模為基礎的成長策略。

當新創事業來到轉捩點，必須把它們的目標從為維持生存轉換成擴大規模時，感覺會變得截然不同。在那之前，這場遊戲的名字很簡單，就是活下去——凡是能讓你走到下一個里程碑的事，去做就對了。這個階段沒有端對端的過程，沒有員工手冊，幾乎沒有任何結構；至於規則，就算有也很少。但現在，它們需要一些。為了把握機會，擴大規模，它們必須找出有效的方法，而且要用更為統整的方式進行，不管是包裝盒、聘用研發人員，或是處理差旅和開支報告。

開始擴大規模時，必須找到方法讓營運成本維持固定，然後增加營收並保持同樣的品質水準，這就是設計可以使力的地方。

規模仰賴完美無瑕的執行力——想要創造或利用規模的力量，就必須設計每個環節，讓每件事都能用最輕鬆的方式精準地執行出來。要達到這個目標，你必須消除所有的模糊、多餘和浪費。

要達到擴大規模的目標，每件事都必須簡化、標準化，以最少量的摩擦整合起來。

你的目標是打造出**完美**的解決方案——在這個案例裡，請將解決方案想像成藍寶堅尼跑車——而且這個方案要能夠標準化和大量生產。臻於完美是藍寶堅尼的設計目標，每個零件都是手工特製，可以和其他專屬零件天衣無縫地共同運作，就像一個統整的系統。在聖阿加塔（Sant'Agata）的工廠內部，並沒有太多混合搭配的流程，每個個別零件都是針對某個目的而設計，只須完成一項特定功能，而且必須和其他零件完美連結。這裡不需要更多修正或軸轉，實驗階段已經結束，這個階段一切都和執行與完美有關。這是維持固定成本和保持品質水準的唯一途徑。

這和你在新創階段做的事截然不同。一開始，一切都和速度與不斷實驗有關。創造出人們需要的產品，並找出可以創造營收的商業模式，這已經夠困難了。現在你需要做的是，用同樣的營運成本創造更多的營收。在這一點上，你可以充分利用設計的力量。

到目前為止，你都是在設計套件車，把螺絲拴在合理的地方，只要能跑就好。接著，你得把你的套件車變身成精密汽車，方法就是將每樣東西簡化和標準化，讓你的商業模式能夠運作。與產品和組織相關的所有元素，都必須以最有效能和最有效率的方式連結在一起。這個階段的每樣東西，都必須根據目標做設計。

你必須了解，是哪些因素讓人們愛上你的產品或服務，讓你贏過競爭對手；又是哪些細微差異，讓你的產品或品牌顯得卓然出眾。然後，你必須創造出追求細節的熱情，確保公司裡的每位成員都能了解，每次都將這些細節做好，有多麼的重要。

當一家公司把細節做好時，你不必是設計師也能知道那是個好產品——因為產品給人的**感覺**很好。當一家公司能在全國或全球的規模上做到這點，它們的產品往往就會變成標誌或經典，成為同類產品中的最高品質象徵。香奈兒五號香水、保時捷九一一和伊姆斯躺椅（Eames Lounge Chair），都屬於這類打破文化地理疆界、超越同儕的產品，象徵典範中的典範。

大多數時候，偉大的設計指的就是把細節做好。

手提包的線腳、引擎的聲音、應用軟體上的按鈕位置，當每個細節都被照顧到，整體的使用經驗就會很舒服。這裡面沒有任何碰運氣的成分，每樣東西都得照設計好的方式運作。

伊姆斯（Charles Eames）曾經說過：「細節不是細節。細節**構成了**設計……最終要把每樣東西連結起來——人、想法、物件。這些連結的品質，就是品質本身的關鍵。」[2]

如果你家有一張伊姆斯躺椅，你就會知道他指的是什麼。今天市面上販售的伊姆斯躺椅版本，基本上從一九五六年後就沒改變過。這張躺椅是由一組弧形膠合板外殼和一組弧形軟墊鎖緊構成，鎖法一目了然卻又很難複製。不過，這張躺椅之所以獨特，不只是因為外型，它還是世界上坐起來最舒服的椅子之一。這些細節加在一起，成就了它的經典地位。

從路易斯維爾棒球球棒（Louisville Slugger bats）到亞馬遜網站的一鍵下單，這些經典產品背後的祕密，就是這些公司在設計產品時，都不會讓細節受到影響，發生變化。這些細節都鎖定好了，被當成聖物般安全守護。即使公司的規模越來越大，製造和行銷範圍遍及全世界，每個元素都還是環環相扣。不管你是在北京或波士頓購買保時捷九一一，它們的品質都是一樣的。

這就是關鍵：你必須了解自家產品之所以獨特的關鍵細節，也就是讓人們愛上的特色所在，然後把它們規格化，這樣它們就能固定下來，不會因為時間或地域不同而變質。

一旦能做到這點，接著就要厲行標準化。標準化有助於統整企業的計畫、資源、預測和最終的成長，讓所有人朝同樣的方向移動，創造出巨大的效率。但是，該怎麼做呢？

標準化創造出共同的語言和清楚的方向。

標準化全然和減法有關。標準化可以讓大麻煩變簡單，方法是把過程中的決定因素移除，改由幾個容易遵循的步驟取而代之。當企業開始增加大量的產品、人員、文化、現金、規範、語言等等時，標準化就能發揮很大的助益。標準化可為企業裡的每個個體創造出共同語言。

沃爾瑪（Walmart）是這方面的翹楚，它是全世界最大的零售企業。根據《財星》雜誌的數據，該公司二〇一一年賣出的產品總價高達四百二十一兆八千四百九十億美元。[3] 如果沃爾瑪是一個國家的話，它將是全球第二十四大經濟體。[4]

這是怎麼做到的？

這一切都可歸結到箱子。

從放置產品的紙板箱到零售商店的大箱子，沃爾瑪透過設計箱子來管理一切事務。箱子的大小不僅要設計得堅固耐用，並盡量不占空間，還要符合棧板、堆高機、輸送帶和機械手臂的規格，每個箱子都要通過無線頻攝身分識別系統（RFID）。

那些箱子還可固定在更大的箱子裡，也就是一九六〇年代確立下規格的二十英尺標準貨櫃（TEU）。在全球的消費品產業裡，這個尺寸基本上已經標準化了，所有的船隊和港口都得根據這個標準重新打造。

不只如此：沃爾瑪的大箱狀商店也是根據標準公式做設計，walmart.com則是用像素（小箱子）做設計等等。大企業就是這樣經營它的全球規模，藉著從小處思考（thinking small）來縮小地球的規模。

那麼，你該怎麼設計各項標準呢？這可歸結為兩點，第一點很容易了解，但是很難做到。

從小處思考。

你的挑戰就是簡化、簡化再簡化，直到你把元素的數量減到最少，它們就是你的分母。對沃爾瑪而言，將一切簡化為箱子系統，有助於讓它的執行和後勤都以這個黃金標準為核心。這樣的設計策略幾乎可以運用到所有事物上。

我進入可口可樂差不多一年後，我和團隊做了一次全球審計，想要了解可口可樂的品牌識別在世界各地的狀況。我們很快就體認到，我們有個大挑戰。因為我們沒有一個清晰明瞭、具有策略性或共同走向的品牌視覺識別系統，通行於不同的市場。

我們知道該做什麼。我們回到檔案室，尋找過去行之有效的模式。我們知道必須找出讓可口可樂成為可口可樂的細節，然後簡化和標準化。

我們的一位設計總監和我，設法找出大家覺得最正宗的一些可口可樂商標範例。我們發現，一九七〇年代原版的紅白標籤簡潔又有力，於是我們的任務變得非常明白：只要回歸到這個品牌的精髓本質，可口可樂的力量就會變得清晰明瞭。

於是我們把不屬於品牌正宗設計的一切東西全都去除掉。完成這項工作後，很多人都說，我們是在走復古風。這個評論很公允，卻錯失了重點。我們努力的目標可不是為了追求正宗的原質性，而是為了達到全球的一致性。我們希望公司裡的每個人都能輕鬆愉快地**重振經典**，把這句話當成品牌新策略的象徵標語。

這不像聽起來那麼簡單，不過確實發揮了效用。

我們可從這裡引申出設計各項標準時必須做到的第二點。

輕鬆做好對的事。

你必須打造一套工具，讓公司裡的每個人都能輕輕鬆鬆地按照標準流程執行。這套工具可能是電子郵件、指南手冊或網站。我們架設了一個內部工具網，名為「設計機器」（Design Machine），將品牌識別系統的所有元素都建檔在裡頭。所有人都可以利用這套工具網創造出各式各樣的傳達內容，包括購買點陳列、包裝、冰桶、橫幅廣告等等，既可有效率地單兵作業，又能達到符合標準的整體性。我們將在第六章深入討論。

建立各項標準的目的，是為了創造出可以量產的**完美**解決方案——一輛藍寶堅尼，或一把史特拉第瓦里小提琴（Stradivarius）。每個零件都必須針對單一功能做設計，而且必須和其他零件渾然天成、完美無瑕地無縫連結。不管你的產品是一瓶簡單的洗潔精，或一種複雜的音樂新傳輸方式，都必須以打造傑作的心態去思考。

經驗學習四：識別模式

《建築模式語言》（*A Pattern Language*）是我最喜歡的書籍之一，作者是亞歷山大（Christopher Alexander）、石川（Sara Ishikawa）和希爾維斯坦（Murray Silverstein）。

這是一本經典大作，一九七七年初版，是大多數新手建築師的教科書。

書中介紹如何利用模式的概念來設計城市、建物、住宅和房間。它的基礎概念是：所有偉大的住宅和大城市，都會給人生氣盎然的感覺。這種感覺是由一套建築模式創造出來的，而且每個人都能應用。

「每個模式說明一個問題，這個問題在我們的周遭環境中一再發生，接著敘述解決此一問題的核心關鍵，你可以重複利用這種解決方案千百萬次，卻不會有老調重彈的感覺。」[5]

例如模式一六七「六英尺深的陽台」，說明打造陽台必須知道的基本原則，非常實際、易懂、好應用。這個模式指出，陽台和門廊至少要有六英尺深，足夠兩個人舒舒服服地坐在小邊桌上。如果營造者為了省錢讓陽台小於這個尺寸，幾乎等於沒有用處。

作者強調，這些模式應該從整體的角度來思考。

「沒有任何模式是孤立的存在體。每個模式之所以能在世界上存在，都是因為在某種程度上有其他模式支持它：更大的模式把它包含在其中，大小相同的模式環繞在它四周，更小的模式則是包含在它裡面。」[6]

想像一棟公寓興建的情況。每一層樓的每一座陽台，必須有同樣的尺寸，尺寸不同會破壞建築物的對稱感。但是在每座陽台裡，欄柱與欄柱之間的空間，或是地板上的磁磚，又都構成了自己的模式。

「這是我們對世界的基本觀點。也就是說，當你建造一樣東西時，不能只是單獨建造那樣東西，還必須修復它周遭和內部的世界，這樣更大的世界就會變得更連貫、更完整；如此一來，你建造的那樣東西就可以在大自然的網絡裡適得其所。」[7]

換句話說，你不能把曼哈頓的摩天大樓放到托斯卡尼小村的正中央，也不能把托尼卡斯的別墅放在麥迪遜大道上。

這種模式應用法，不僅對屋主和都市規畫師有效，對公司同樣管用。一旦把模式確定下來，接下來的任務就是讓每個人都能使用它——這正是擴大規模的關鍵所在。

利用設計擴大規模的另一種切入點，就是找出過去有效的舊模式，或是可能成功的新模式，然後把它弄得很簡易，讓每個人都能輕鬆上手，這就是一般所謂的標準化。

想為企業找到成功模式，必須經過嘗試錯誤的階段。亞馬遜也是試過好幾個模式，才找到「一鍵下單」和「亞馬遜優級會員」（Amazon Prime）運費價這兩樣東西，變成推動公司成長的機制。

一九七〇年代，馮芙絲汀寶（Diane von Furstenberg）設計出她的招牌裹身裙，當時她剛離婚，想替自己設計一件舒服、有力又性感的洋裝。由於這件洋裝穿在環肥燕瘦的女人身上都很好看，於是它被推上經典寶座。

> 推特的一百四十字限制，TED演講的十八分鐘規定，以及TripAdvisor的評分系統，都是這些公司為自己發掘出來的有用模式。

雖然我們大多數人都覺得自己不是那塊料，但總得有人先開第一槍，率先設計出一套模式。如果他們做對了，就能創造出速度、簡潔、一致性和可預測性。模式可以讓人輕鬆做好對的事。如果你是一家公司，模式就是可以讓員工、投資者和華爾街股市都很開心的那樣東西。

設計模式是利用設計擴大規模的另一條途徑。你必須把對的細節找出來，簡化它，制定標準化程序，然後執行它。

擴大可口可樂的規模

多年來，我一直努力學習，想把可口可樂利用設計擴大規模的招數全部學起來。有一天，我在整理檔案時，發現一張了不起的照片，將標準化的力量展露無遺。那張照片是一九二七年拍的，有兩名男子正在上海的一個亭子外賣可樂。

想像一下當時這兩人的處境——他們打算用可口可樂這項美國新產品展開事業。他們在亭子上掛了嶄新的招牌，上面有今日熟悉的曲線玻璃瓶、印在可口可樂紅底上的可口可樂商標，加上一行字：「這裡有賣。冰涼。」（Sold Here. Ice Cold.）這兩個男人並不知道，當時世界各地有很多創業者就跟他們一樣，正在使用相同的產品、商標、瓶子和招牌等。可口可樂公司就是靠著這樣的設計，在一九二九年時擴張到全球二十八個國家。

事實上，可口可樂是用七套不同的系統來擴大公司的規模。每一套的設計原則都是為了擴大規模，幫助公司實現伍德魯夫的願景，讓可口可樂變成「垂手可得的渴望」。

1. 配方

一八六九年，彭伯頓帶去亞特蘭大的糖漿，並不是什麼十分特別的東西。當時市場上新飲料氾濫，一般都是分裝在汽水機裡，在人們愛去溜達的遊樂景點販售。

一八八六年初春，為了進行市場研究，彭伯頓派姪子紐曼（Lewis Newman）帶著他的糖漿樣本到亞特蘭大的雅各藥房（Jacob's Pharmacy），放進魏納伯（Venable）的汽水機裡，並要他在那裡待久一點，聽聽顧客喜不喜歡這種新飲料。[8]

到了那年年底，他終於調配出大家喜歡的配方。他和投資人取好名字之後，一家新公司就此誕生。

自從可口可樂成立這一百多年來，這套模式幾乎沒什麼改變。鎖在亞特蘭大保險櫃裡的那張配方，依然是這項產品的基礎。因為配方沒變，擴大規模就變得容易許多，很快就打進許多市場。今天，你在世界任何地方，都可喝到味道熟悉的可口可樂。

2. 斯賓塞書法體

會計師羅賓森學過斯賓塞書法體（Spencerian script）的寫法，那是一八八〇年代最受複式簿記員青睞的標準書法體。他覺得，選用草書體的品牌商標，可以讓可口可樂與其他品牌有所區隔。一九二三年，公司終於將這個字標標準化，並一直延用到九十年後的今天。這是世界上識別性最高的商標之一。

可口可樂和其他擁有高價值品牌的公司一樣，制定了非常詳細的品牌標準，讓每個人都能以公司希望的方式運用斯賓塞書法體。這些標準對於設計執行非常重要。

3. 曲線瓶

一九八〇年，在電影《上帝也瘋狂》（*The Gods Must Be Crazy*）裡，撒哈拉沙漠的布須曼部落，發現一個從飛機上掉落、沒有破掉的可口可樂瓶。他們覺得那是個漂亮的人造物，是上帝送給他們的禮物！這個笑話的前提是，只有位於文明邊緣的一群原住民，才沒辦法立刻認出這支世界上最知名的瓶子。

這支經典造型瓶的故事，其實是一則防禦性行銷的傳奇，因為在坎德樂推出那場大規模而成功的行銷戰後，已經出現了上千個模仿者，可口可樂想藉此與其他品牌做出區隔。

裝瓶商急欲從這波仿冒大潮中讓產品脫穎而出。當初用一美元買下可口可樂裝瓶權利的湯瑪斯，是查塔努加市（Chattanooga）的律師，眼看著競爭者不斷蠶食他的市場，他告訴一名夥伴說：「我們需要一個就算是摸黑也能認出那是可口可樂的瓶子……要做出就算打破，也能讓人一眼就認出的形狀。」[9]

當時，可口可樂的瓶子就跟大多數的汽水瓶和啤酒瓶一樣，造型很簡單——筆直的瓶身貼上很容易複製的標籤。為了做出區隔，可口可樂公司和裝瓶商合作，舉辦了一次設計競賽，主題就是要設計出很難模仿的瓶子，讓仿冒者自動放棄。

新設計必須符合既有的裝瓶設備，這樣才能擴大規模。贏家保證可以得到數百萬美元的權利金。

位於印第安那州泰瑞豪特（Terre Haute）的魯特玻璃公司（Root Glass Company），為了尋找靈感，決定在「可口」（Coca）這個名字上下工夫。他們翻遍各種參考書籍，但是在「coca」和「kola」這兩個詞條下面都沒什麼收穫，不過該公司模具廠的監工狄恩（Earl R. Dean），倒是在cocoa（可可）這個詞條下面看到一張插圖，並因此孕育出構想的種子。[10]

一九七一年，狄恩在逝世前六個月接受訪問時指出：「可可莢的大小跟黃瓜差不多，上面還有類似哈密瓜的紋路。豆莢逐漸往中央收細，頂端的莖跟南瓜很像。」[11] 雖然可口可樂的成分裡既沒有巧克力也沒有可可，但是狄恩不管，還是畫了幾張可可莢的素描。

狄恩和玻璃廠的監工薩謬森（Alexander Samuelson），連續工作了二十二小時，直接把那張可可豆莢素描轉變成立體實物，並搶在工廠年度維修前的十五分鐘，做出幾支瓶子。

可口可樂公司在一九一六年的裝瓶商大會上，宣布魯特玻璃公司設計的瓶子獲勝，並於同年下半年正式上架。到了一九二〇年，**曲線瓶**已經變成可口可樂最著名的夢幻逸品。

這支瓶子也是二十世紀辨識率最高的物件之一，可在兩百多個國家取得。

4. 三十六度

根據設計，可口可樂應該在華氏三十六度（攝氏二・二度）下飲用。在公司內部，這項標準是「完美服務」的要素之一——享受可口可樂的絕佳方式。碳酸、配方和玻璃瓶，在這個溫度下可以發揮出最棒的加乘效果。

三十六度連同其他標準，都是在伍德魯夫時期定下的。在可口可樂電動冰桶出現之前，可口可樂的業務員必須隨身攜帶特別設計的溫度計，去檢測零售店和販售亭裡的冰塊溫度。而可口可樂公司在各種銷售點設計上（並交給零售商使用）所使用的冰涼語言，也等於是在默默提醒，公司期待他們將可口可樂的飲用溫度保持在華氏四十度以下。

5. 五分錢

從一八八六年到二戰結束後，有長達七十年的時間，一瓶可口可樂只賣五分錢。公司和裝瓶商一直用固定的售價度過兩次大戰、經濟大蕭條、蔗糖配給和競爭攻勢，從沒改變過。

五分錢也是以創新手法打造品牌的環節之一。坎德樂和他的團隊用鋪天蓋地的大型廣告，在牆面、穀倉和大型看板上，猛烈宣傳五分錢的便宜價格。對小生意人而言，這些廣告傳達出進步的訊息——他們也是這家快速成長的品牌的一分子，正像火箭般一飛沖天。

一直要到一九五九年，公司才開始調高售價，反映成本。維持單一價格長達七十年這點，讓公司的業務大大簡化，變成協助可口可樂擴張全球的關鍵力量。

6. 品牌行銷

一八九一年，當彭伯頓化學公司的權利變成坎德樂的囊中物後，他設想出一個富有先見之明的行銷策略。他的盤算是，只要人們試喝過他的新飲料，一定會回來買更多，於是他開始發放地區性的免費樣品券。

他寄小卡片給該區的商業局，請求該單位的負責人把這些優惠券發放給鎮裡「最傑出的公民們」。優惠券也出現在全國性的雜誌上。汽水機操作員也拿到一大疊，附帶好幾加侖的免費糖漿，讓他們當成贈品送給最棒的顧客。

「一八八七到一九二〇年間，我們透過樣品券給出的產品占了總量的十分之一。」可口可樂檔案部經理萊恩（Ted Ryan）表示。

在這過程中，坎德樂已勾勒出今日被我們稱為**口碑行銷**或**影響力行銷**的策略梗概，他也為今日可口可樂行銷人員所謂的**液體行銷**（liquid marketing）奠定基礎。液體行銷指的是，利用所有的平台和媒體來行銷某個觀念。

到了一八九五年，可口可樂已經銷售全美國，而且商標名稱人盡皆知。這就像是那個時代的谷歌式成長，而且它的幅度、規模和一致性，沒有其他公司可以媲美。

坎德樂的策略可不只有發放優惠券一招。他是個品牌行銷大師，雖然當時還沒有任何人聽過這個名詞。他開始贈送五花八門的促銷品：零錢小盤、月曆、玻璃杯、時鐘、隨身小刀、紙扇、火柴盒和撲克牌，上面全都印有可口可樂的名稱。就算有些東西跟汽水飲料扯不上邊也無所謂，只要上面有可口可樂的品牌圖案就行了。

接著，坎德樂更進一步。他用獨樹一格的面貌和感覺，設計了一場行銷活動。海報、割字和花綵等，全都免費提供給販售飲料的場地主人，外加清涼美女照，她們全都喝著可口可樂。每張照片上都有同樣的標語：「暢飲可口，美味爽口。」

凡是有可口可樂廣告出現的地方，永遠伴隨著這八個字。過沒多久，全美各地都能看到這個標語，牆上的標誌、穀倉上的油漆、報紙上的廣告，還有到處可見的遮陽棚，全都放送著相同訊息。到了一九〇八年，大約有兩百五十萬平方英尺的美國建築立面上（外加古巴和加拿大的一萬平方英尺），都在宣傳可口可樂的美味爽口，並用如今放眼可見的文字商標和低廉親民的五分錢售價雙雙加持。[12] 標準化設計有助於擴大品牌規模，坎德樂的策略成功地將可口可樂提升為全國性的大公司。

7. 連鎖加盟模式

在一八八〇年代爆發的蘇打飲料戰爭中，坎德樂最重要的一項商業決策，倒是和品牌打造無關。

要設計一種可以擴大規模的商業模式，需要不同的思考路徑。可口可樂除了放在汽水機裡論杯賣外，有沒有可能裝在瓶子裡帶著走呢？

一八九九年，來自田納西州查塔努加市的兩名律師，湯瑪斯和懷海德，完成一項交易：用一美元買下近乎全美國的瓶裝銷售權。

坎德樂可不是個無知的業務鄉巴佬，他知道湯瑪斯和懷海德的提議實在太天才了，讓人無法抗拒。他們可以把美國分成好幾塊，然後將某一塊的權利賣給當地某個企業家，由對方出錢購買玻璃、卡車和裝備，讓裝瓶業務開始運作。這兩個田納西人會跟可口可樂購買神祕糖漿，把價格抬高個〇・八分左右，然後賣給他們的地方代理商。這些地方代理商裝瓶之後，再把價格抬高個一、兩分，然後用便宜合理的五分錢賣給熱情的消費者。

「每個人都只賺一分錢，但十億個一分錢就是一大筆錢。」萊恩說。

這就是可口可樂連鎖加盟商業模式的起源，內部人稱之為可口可樂系統——也就是可口可樂公司與世界各地兩百五十多家獨立裝瓶公司之間的依存合夥關係。

由於可口可樂的死忠消費者越來越多，還有強攻猛打的全國性廣告推波助瀾，可口可樂的裝瓶商們都非常積極，想要利用這項產品打造自己的事業，因而讓業務指數成長。事實證明，這是一次具有先見之明的決策，也是利用設計擴大規模的一種方式。

這套模式讓公司用最小的力量竄升為全球性品牌，但依然保有濃烈的在地性。這套模式也推動了公司的執行能力。可口可樂並不是一家巨型大公司，而是由許多小公司所組成的一套系統。這個模式有助於公司擴大新產品、新傳播和新設備的規模。關鍵就是要根據這套模式做設計，這樣當公司想要快速擴大規模時，它就能辦到。

標準局

可口可樂對於制定標準的熱情，在伍德魯夫時期達到最高峰，一九一九年，他父親帶領一群投資者，以兩千五百萬美元的價格，從坎德樂手上買下這家公司。

伍德魯夫來自汽車業，曾在克里夫蘭的懷特汽車公司（White Motor Car Company）服務。雖然懷特不是福特，但它也是遵循那個時代的製造原則來經營公司，對於汽車生產線的標準化流程極端注重。

伍德魯夫把標準化狂熱症帶進可口可樂，頒布了一連串的指南，規定業務的每個層面該以哪些規則進行管理。如果你想開一家裝瓶廠，公司有一整套的說明和藍圖，指示你怎麼蓋工廠；如果你想在穀倉外牆漆招牌，提醒過往駕駛可口可樂有多美味爽口，也有招牌漆塗指南可以參考；如果你想用你的汽水機販賣可口可樂，那麼你最好先讀一下販售指南裡的規定。

伍德魯夫率先看出，運送公司產品的卡車艦隊，基本上就是一種移動性看板，因此下令卡車的外觀要統一。信封信紙和工廠工人的制服，也得遵守可口可樂總部的嚴格規定。

到了一九二〇年代末，伍德魯夫已經成立標準化委員會，負責監督各單位是否遵守公司的種種標準和訊息傳送規定。

可口可樂的退休檔案員穆尼（Phil Mooney）表示：「他們的職責就是在系統內部建立一致性，讓消費者可以聚焦在品牌上。」

伍德魯夫在公司算是新人，但是對於如何讓公司生意興隆，他的想法非常清楚：「如果我們想要成長，有些事就一定要做。我們必須在消費者的腦海裡，打造出可口可樂該有的形象。」

伍德魯夫就像麥當勞的克洛克（Ray Kroc）一樣，將成長演算法發展到完美程度，讓可口可樂遵照這套公式，擴大成該企業的第一個十億美元品牌。

規模之外

一百多年來，由公司開創者制定並經過標準化的這套模式，運作得相當成功，創造出輝煌的成長規模。到了二〇〇〇年，這家公司已遍及兩百多個國家，並讓可口可樂以及另外三個十億美元品牌——健怡、芬達和雪碧——變成「垂手可得的渴望」。此時，公司也開始擴充產品組合，把果汁、咖啡和運動飲料都囊括在內。

二〇〇一年，公司管理階層決定將公司轉型為全面性的飲料公司，這項決策改變了一切。

在這同時，可口可樂做生意的環境也變了，變得更有挑戰性且複雜。

> 新的商業模式加上更多變的環境，兩相碰撞，深深影響了可口可樂利用設計帶動成長的作法。

如今，可口可樂需要一種新走向，讓它能夠更敏捷，更能因應不斷流變的內外情況。倘若公司想要在果汁、咖啡和包裝水領域打造出下一組十億美元品牌，就必須找出方法，把它既有的專長，也就是利用設計擴大規模，與另一種新能力結合在一起：利用設計提升靈活。

在千禧年交替的這個時刻，只有極少數公司體認到，未來十幾年的世界將會變得多複雜，它們所面對的挑戰又有多顛覆，這些變化將會迫使它們用全然不同的幅度去思考設計問題。

第三章 複雜性

我們已進入一段過渡期，正從已知世界走向連地圖都沒有的未知領域。

——伊恩・布雷默（Ian Bremmer），《G-Zero：為什麼世界政經缺乏領袖？未來何去何從？》（*Every Nation for Itself*）

創新一詞也可以變成像黑洞一樣，每個人都有一套自己的看法。你可以在它不斷幻化的無窮意義層裡，迷失好幾個小時、好幾天、甚至好幾年。

在亞馬遜網站上搜尋這個主題的書籍，你可以找到六萬多本書。內容包括創新的另一面、創新的藝術、創新的十種類型、創新的迷思，以及討論某種創新歷程的千萬本書。

我相信，在現實工作裡，根本沒人在乎創新是什麼。執行長、經營團隊和股東關心的是創新可以帶來什麼，也就是——成長。這才是創新的一切目的——創造永續成長。資本主義的本質就是達爾文主義——適者生存。想要存活，公司就必須不斷成長。

因此，談到創新時，我想把事情變簡單，只從成長的角度去思考創新。**如果我們改變這點或做出那樣東西，如果完成這項交易或推出那個計畫，能夠創造出哪種成長？漸進成長或指數成長？是十分之一的機會或十倍的機會？有可能創造出緩慢但可預測的穩健成長，或是快速但不可預測的大成長？**這種作法開門見山，可以省去數量驚人的電郵、會議、簡報和顧問費。

這可不是什麼魔術：用**成長**一詞取代**創新**，並不會讓眼前的挑戰變得更簡單。對任何國家、任何產業裡的任何公司而言，創造成長都是**非常困難**的事，因為成長的脈絡正處於激烈變動的狀態。

脈絡就是一切

在第二章，我們的焦點是規模，特別是如何利用設計擴大規模。如果我們的說明夠清晰，那麼有關設計、規模和系統的討論，概念上應該是清楚了。不過，沒有人是在真空的基礎上，靠著架構、理論或抽象的成長策略經營公司。

如果你經營的是上市公司，那麼每季提出成長預測，並設法符合分析師和股東的期望，這些壓力可是貨真價實，沒半點概念成分。如果達不到目標的次數太多，就只好等著被砍頭。

如果你是在新創事業工作，那麼當你好不容易找到下一個軸轉目標，卻發現資金已經燒完，那種痛也一點都不是概念上的。除非你能找到更多資金，否則你就掛了：你想用來改造世界的構想，還有你投入的所有血汗與淚水，全都化為泡影。

這就是問題所在。你的事業是跟環境脈絡有關：你的產業、你的顧客、你的競爭者、經濟現況、政府運作……這些加總起來，構成了公司運作的脈絡。就是這些脈絡，讓每天都得追求成長的苦差事，變得更加困難。

在我們詳細談論該如何在變化多端的脈絡中利用設計追求成長之前，先讓我們承認這個明顯的事實：想要推出一家成功的公司或讓它永續經營，永遠都是一項困難的任務。世界很複雜、市場是創造出來的、市場是毀滅的、供需法則、贏者全拿……這些都不是什麼天啟神示。不過，和十年前、二十年前或三十年前比起來，要在現今的世界做生意，有些事情確實和以前截然不同。

我們的世界比以往任何時候都更複雜。

這種複雜的程度，讓所有行業都比以前更難成長。以往當公司談到情勢變嚴重時，多半會把焦點擺在提高效率上面。它們加倍認真，重新調整以往的工作基礎。不過，到了今天，所謂的回歸基本面這招，並不是每次都有效。以前靠紀律可以完成的任務，現在得運用不同的新技巧才行。以往，行銷人員必須是打造品牌的高手；如今，他們得要變身為**社會聆聽**（social listening）的專家，聆聽和快速反應才是王道。以往，執行長會寫年度信件給股東；如今，他們則是得透過推特和部落格等社交網站，直接和人數呈指數飆升的一群股東們談話。以往，你的經營團隊要擔心如何控制供應鏈的成本，滿足每個月的營運目標；如今，除了這兩件事之外，還得擔心大環境的社會問題，像是氣候變遷、網路安全、政治動盪，以及女權運動。

這種複雜的新情況，讓許多公司享有數十年的競爭優勢變得扁平化。因為股神巴菲特（Warren Buffett）經常掛在嘴上的那條「護城河」，那條環繞在百年老店四周的保護機制，正在急速乾涸中。每家跨國企業都只能緊盯著當時企業的領頭羊，像是諾基亞、索尼和黑莓機的製造商行動研究公司（Research in Motion），以免自家的產業遭到瓦解，或自身的優勢一掃而空。

還有另一項轉變，讓事情難上加難。現今創業比以前容易多了，幾乎每個人都可以在世界任何地方開創新事業。在大多數的產業裡，創業門檻都比以前低，這種趨勢在全球造就出一個龐大的新創群體。這聽起來很棒，但那是因為你不知道，每家新創公司都得擔心**下一批**新創公司冒出頭來。看看臉書就好，雖然它是目前全世界最大的社交網站，但它可不能以此自滿。不過臉書採取的作法，並不是強化自己的服務競爭力，而是用令人咋舌的價格搶購Instagram和WhatsApp。每家新創公司都是一邊盯著後照鏡，一邊努力衝過獲利的門檻。

沒有人能夠順勢滑行。每個品牌、每家公司和每項產業，隨時都有可能瓦解，甚至徹底崩潰。不過企業所採用的設計方式，可以幫助它快速因應變局。

在我們深入研究實際的運作過程之前，先讓我們探討一下**複雜**（complexity）這個字的意思，以及為什麼對你的公司而言，這是一件好事。為了說明這點，先讓我們快速看一下，是哪三個總體大環境，讓創新與成長對每個人而言都變得越來越難。

繁雜或複雜？

我們想必都同意，哪怕是經營一家小公司，也是件繁雜的事。你必須擔心競爭、獲利、顧客關係、如何吸引和留住人才、政府的法規、稅款、原物料，還有供應鏈。

如果你還想讓事業成長，面對的問題就更繁複了。你現在有的不是一間辦公室或一間工廠，而是有好幾間；你不只在一個市場裡競爭，而是得同時應付許多個市場。然而真正的麻煩，卻是公司無法控制的一些議題，像是數據駭客、社交媒體對品牌的影響、另一個遙遠地方的經濟情況，以及極端天候造成的破壞。這些因素讓事業成長變得不僅繁雜，而且複雜。

繁雜（Complicated）？複雜（Complex）？這是某種文字遊戲嗎？是你說番茄，而我說柑仔蜜嗎？讓我們先把這兩個名詞的意義解釋清楚。

事情繁雜指的是很難理解，事情複雜指的是有許多不同的部分環環相扣。

當事情繁雜時，要做出合理的解釋往往會令人沮喪。趕上地方稅法；分清

楚州政府、地方政府和中央政府對你產業的各種規範；弄清楚怎麼管理員工的健保；在行銷計畫上怎麼讓傳統媒體和社交媒體取得平衡……這些都可說是繁雜的事情。

當主題複雜時，表示它有許多彼此連結的不同部分。雖然我們常常交替使用這兩個詞彙，但它們其實有相當大的差異。某件事情可能是複雜的，但很容易理解。雖然繁雜幾乎都不是好的，但複雜卻有可能是件好事。

想想看，根據報導，今日智慧型手機的處理能力，比第一支載人登陸月球的火箭上的電腦還要強大。雖然我還沒發現可以來趟火星之旅的應用程式，但是我和你一樣，也用手機打電話、上Skype、傳簡訊、發電郵、搜尋資料、聽音樂、看電影、玩遊戲、拍照、查氣象、讀書、租車、找餐廳，還有管理銀行帳戶。其中牽涉到無比驚人的複雜度。我最早用手機大概是一九九五年。我計畫了三年，才買下那支摩托羅拉「掌中星鑽」（Motorola StarTAC）摺疊機。機型很簡單，因為它只能做一件事：打電話。現在，我不只愛死我這支手機的複雜性，我還非常倚賴它呢。

繁雜絕非好事，因為容易混淆，很難理解，但複雜卻是今日這個世界的真實情況。兩者的差異也許看起來不大，但是碰到設計時，理解它們的差別就變得很重要。

有些時候，多才是多

設計可以把繁雜的事情變簡單，你不必是專業設計師也辦得到，因為要分別好設計與壞設計很簡單。

大多數時候，利用我們在第二章討論過的設計走向，也就是簡化、標準化和整合，通常可以讓繁雜的事情變得更容易理解和進行。

選項越少，掌控度和一致性就越高。這就是那句設計老諺語：「少即是多」，對吧？但這句諺語也不是永遠沒錯。那麼，在哪些情況下，多才是多呢？

如果你真的**想要**有很多選項時，情況會如何？

我記得我是在一九九五年第一次上網。那時，大概只有十萬個網站左右。到了今天，網站數量已飆升超過七億，而且在許多方面，我們都過得比以前好，因為可以輕鬆快速地取得各種資料寶庫。有些時候，**多才是多**。

當可口可樂改變它的成長策略時，面對的就是這樣的情況。接下來讓我們由內而外，看一下與成長相關的連結有多複雜。

二〇〇一年，可口可樂執行長首次表示要改變公司的成長策略，把可口可樂從一家汽水飲料公司轉變成全面性的飲料公司，這項決定牽涉到許多策略思考。飲料產業正呈現爆炸性成長，這表示公司所處的產業疆界正在擴大。消費者希望有**一大堆**產品可選擇。如果你是一家飲料公司，這當然是**非常棒**的好消息，表示你的成長機會很大。

乍聽之下，轉型成全面性飲料公司聽起來好像不是什麼了不得的大躍進，不就是：可口可樂以前賣可口和健怡，現在它想賣其他飲料。這沒什麼問題吧？

但情況並非如此。這比較像是耐吉說它想要轉型成全面性的鞋業公司，提供各式各樣的鞋子，除了它的經典招牌「空軍一號運動鞋」（Air Force 1）外，還要賣高跟鞋、踢踏舞鞋、拖鞋和靴子。這表示你挑了一大票的新競爭對手——從吉米周到Ugg雪靴，都成了你的敵人。這就像是耐吉表示它打算變成鞋業公司的第一品牌，提供**所有**類型的鞋子給世界上的**每個人**。

「讓世界煥然一新」是可口可樂揭櫫的使命，從這點看來，這項策略轉型似乎相當合理，甚至是必然的發展。既然它已經打下軟性飲料的江山，同時建立了全世界最有價值的品牌之一，那麼要往旁邊的相關產業開疆拓土，做出一番成績，應該也不是什麼困難的事。

但是這次策略轉型衍生出極龐大的複雜性。

想在這麼多不同的品項範疇裡扮演領導者，對可口可樂公司而言，可說是一場地震級的巨變。接下來我們會看到，一家全面性飲料公司的設計走向，必須和單一飲料公司不同。事實上，當初打造可口可樂並讓它擴大成今日規模的設計走向，反而會讓它在其他領域的成長變得很繁雜。公司必須擴大它的創新思考面向，才能讓新的成長策略得以推動。

過去一百年來，可口可樂已經為它的汽水品牌設計出極具擴充性的系統。這些系統都經過完美設計，可以擴大成長規模。公司的每個環節，從成分來源、產品製造配銷、一直到所有的行銷方式，全都緊緊相扣，運作順暢。當然，在不同的國家，因為法令規章和文化品味的關係，會有一些細微調整，但基本上，世界各地的分公司都是採用相同的模式達到相同的品質、利潤率和市場占有率。可口可樂就是藉由這種方式，保證不管是台北、突尼西亞或塔拉赫西（Tallahassee）的可口可樂，都是一樣的。很多人都很好奇，可口可樂怎能擴大到如此驚人的規模，但其中並沒有什麼魔法，因為這家公司就是根據這個目標做設計的。

但是其他產品項目，例如果汁、咖啡或茶，情況就大不相同。它們不是以固定配方為基礎，而是以口味調配為基礎。這是兩者之間的一大差異。

以柳橙汁為例，可能很多人不知道，可口可樂是全世界最大的果汁公司。全世界生產的柳橙裡，每六顆就有一顆用來製成可口可樂的果汁。

要設計一家十億美元品牌的果汁公司，首先要從供應鏈著手。對這些品牌而言，取得成分所需的原料似乎不須傷任何腦筋：不就是買下一堆柳橙，榨汁後裝瓶，然後運送到世界各地，就跟可口可樂飲料一樣，不是嗎？要是有這麼簡單就好了！

柳橙汁牽涉到的複雜性非常驚人。

首先，沒有人能確知每年能拿到哪種品質的柳橙。公司合作的對象是全世界最大的柳橙果農，但就連他們也不知道每一季能收穫多少數量，甚至哪種品質的柳橙——一切都要靠猜測。柳橙跟葡萄酒和咖啡一樣，每一顆都取決於土壤的條件、雨量以及採摘時的熟度，這表示公司必須把不同類型的柳橙混合起來，調出它想要的味道和品質。換句話說，可口可樂公司必須根據每批收到的材料混合出正確的配方比例，就像葡萄酒商得為他的卡本內或夏多內葡萄調出一致的口味。

此外，說到口味，不同人喜歡不同的柳橙汁。有些人喜歡百分百原汁（水少柳橙多）；有些人喜歡柳橙的口味，但希望喝起來更涼爽（水多一點，柳橙少一點）；有些人喜歡果汁有氣泡，有些人不喜歡。然後，這當中還有地區上的偏好差異：有些國家喜歡柳橙汁甜一點，有些國家喜歡酸味重一些。這些不同的喜好，都需要完全不同的供應鏈、製造過程、價格模式、生產能力、行銷策略和物流系統，還得**針對每個國家量身訂做**。所有這些變因乘上兩百多個國家之後，帶給你的不只是超過十億美元的新品牌，還帶給你非常高的複雜性。

麻煩可沒就此結束。氣候永遠讓人頭痛，而且一年比一年極端，還有負責替果樹授粉的蜂群崩潰症候群。柑橘黃龍病（citrus greening）也是一大災害，這是一種由微小昆蟲傳播的細菌性疾病，曾讓整個佛羅里達的農作物飽受蹂躪。

然後，柳橙的生長高峰期大約只有三個月，但對柳橙汁的需求卻是一年十二個月都不間斷。把這些林林總總、遍及世界各地的問題加在一起，你大概就能了解，為什麼可口可樂需要不同的設計走向，才能為不同的產品項目打造出十億美元的品牌。

現在，請將目標牢記在心：可口可樂想要在兩百多個國家的每一種飲料項目（而且包括所有的次項目）中扮演領導者的角色。

為了保持競爭力，它需要無與倫比的彈性和應變性，從果樹到陳列架，從供應鏈到它在每個銷售點陳列產品的方式。那些靜止不動的無氣泡飲料，在實際的運作層面上，反而是動個不停，在整體的價值鏈上需要更大的靈活性。

可口可樂原先的設計方式，現在反倒變成問題的癥結：公司習慣利用設計來執行簡化與標準化的流程，卻不習慣利用設計來擴大品項。這樣的設計走向讓事情變得更繁雜：公司的設計方式正在製造混亂，抑制成長速度。

公司需要一套新走向，不同於我們在第二章討論過的整合系統。過去一百年來，讓公司擴大成長的基礎，都是建立在將每個元素——包括所有事物和行為——全都簡化和標準化，然後把它們天衣無縫地整合在一起，讓公司可以輕

鬆地擴大規模。

但是對柳橙汁，或其他以口味調配為基礎的飲料而言，這套就行不通。就算你有通天的本事，也無法把柳橙標準化。它需要比較有彈性的走向，這些品牌和產品的設計策略，必須能快速地隨機應變，因為相關條件總是處於變動狀態。

當然，公司對可口可樂和其他汽水品牌一直以來所做的事，還是要繼續下去。不過它也需要一個為非汽水飲料量身打造的走向，因為公司的成長相當仰賴這部分。

我們會在第二篇深入探討這種走向，不過還有一件事需要討論。你可能會覺得，靈活性這種事只有大公司才有必要煩惱。決定成為**全面性的某某公司**，並不是你現在的成長策略，也可能永遠都不會是你的目標。不過，無論是新創事業或跨國公司，有一點是每個事業共通的，那就是每個產業的外部環境都在發生結構性的轉變。**沒有任何市場、任何國家，也沒有任何產業**可以免疫。今日每家企業的成長，都和它是否能與時俱進、順應快速變化的環境密不可分。

每個人都須靈活應變

讓我們快速看一下是哪三個新現實，為每個人創造了更多的複雜性，從昨天剛成立的新創公司到百年的多國企業都無法倖免。這些現實影響到今日所有公司必須面對的各類問題，讓企業比以往更難成長。

現實一：棘手問題遍布四周

先前我們談過，複雜性如何對企業發揮比較正面的影響。但如果問題變成棘手問題（wicked problem），那麼複雜性就會高速運轉。

棘手問題一詞源於社會計畫圈，用來形容那些無法用數學公式或嘗試錯誤來解決的問題。這類問題通常很難界定，取決於好幾項往往不可控制的變數，而且沒有所謂正確或最佳的解決方案。

棘手問題均高度複雜——其中有許多彼此相關的議題，而且沒有單一解決方案。

這類案例包括政治動盪（北韓出現一個無法預測的新領袖）、經濟紛擾（歐債危機或中國的成長速度減緩），以及大然災害（從土耳其大地震到氣候

模式轉變，導致東山乾旱西山洪水）。

棘手問題的影響範圍無遠弗屆：人民、政府和企業都無法豁免。不過，如果你是一家企業，某些棘手問題不僅會破壞你的生意，甚至可能徹底顛覆你的產業，嚴重挑戰你的長期目標和短期成果。

例如，二〇一三年，孟加拉有棟大樓倒塌，裡面有好幾家成衣工廠，事件發生後，歐美許多成衣製造商必須去反思，他們對於成衣製造國的工廠條件該負什麼責任。二〇〇九年，為了因應開發中國家所製造的電子廢棄物這個棘手問題（如何處理數量龐大的過時消費性電子產品，例如電腦、手機和電視機等），好幾家電腦大廠禁止非工作用的電子產品出口到這些國家。最近，由於邊開車邊使用手機導致高速公路事故大增，為了因應這個問題，四家手機公司攜手合作，推出一個百萬美元的廣告活動，呼籲駕駛人開車時不要傳簡訊。

大企業受到棘手問題波及卻無法解決，它們能做的，就是運用自身的關係、影響力和可觀的資源，盡可能讓問題減輕一些。

並不是所有棘手的問題都和社會或環境有關。所謂的人才爭奪戰，就是一個好例子。大多數的新創事業創辦人都知道，缺乏好的團隊，失敗率往往就很高。但你怎麼確知，**什麼時候**該組團隊？等你確定時候到了，你又該用什麼手段，才能在其他新創公司積極網羅同一群人才時，把最棒的人才吸引到自己這邊？你有好的誘因嗎？而你的人才配置模式又有多靈活呢？

如果你是在大企業工作，必須繼續發展你的文化，才能留住現有的員工，同時招募到新一代的人才。到了二〇二〇年，大約有半數的工作者會是千禧世代（millennials）——有史以來教育程度最高、文化最多元的世代；他們也是以跳槽聞名的世代，不喜歡官僚制度，不信任傳統的階級輩分。[1]

不管是新創或大企業，都得擔心自己的僱用策略是否跟得上時代的變遷。到底要多快才跟得上呢？你正在打造的文化，符合目前和未來的需求嗎？你得去哪裡尋找人才？是否應該嘗試開放的新模式？還有教育體系——誰該負責保證，我們現在教給下一代的東西，足以應付即將來臨的事業挑戰？

不能忽略棘手問題。

棘手問題總是千般複合，萬般糾纏。處理這些問題得付出許多成本，耗費許多時間，一不小心，還可能讓你的成長策略走偏了。但是，不管你多想，還是無法忽略它們。它們不會自動消失，我們也無法一勞永逸地解決它們。

可口可樂就和所有跨國公司一樣，飽受世界各地形形色色的棘手問題困擾。而它也和其他公司一樣體認到，除非公司也成為解決方案的一環，否則就無法成長。肥胖症是近年來受到大量關注的棘手問題之一，特別是在已開發國家。

雖然被認為肥胖的人口比例已經日趨穩定，沒有繼續成長，但目前的數值還是太高，無法被接受。這個問題之所以棘手，是因為它牽涉到許多彼此相關的因素。研究指出許多互有關聯的議題，包括久坐不動的生活方式、飲食過量，甚至有些科學家懷疑，我們的消化系統裡出現了某種細菌。[2]

政府和非政府組織也知道，它們責無旁貸，必須提出解決方案，但是光靠它們，最終還是無法成功。目前，可口可樂正從許多不同層面，與世界各地的夥伴一起解決這個問題。

如同可口可樂執行長肯特（Muhtar Kent）所說的：「肥胖是全球性的社會問題，需要大家通力合作。我們想要成為解決方案的一環，與各類型夥伴密切合作，包括業界、政府和公民社會。」[3]

水資源是當今最全球性的棘手問題之一，並對可口可樂業務和營運地區造成影響。

水是可口可樂所有飲料產品的最主要成分，至少到目前為止，它都不是一個可有可無的東西。它是可口可樂最珍貴的資源。

對一般大眾而言，也是如此。潔淨的流域以及安全的飲用水和衛生條件，可以提升世界各地民眾的健康、教育、安全和經濟發展，但是目前全球淡水的供應正在承受巨大壓力。人口暴增、經濟發展、都市化和氣候變遷，在在凸顯出我們共享的水資源問題。

來自四面八方的因素，讓水變成一個棘手問題。其中包括匱乏、品質、價格、政策、洪水、氣候變遷和基礎設施等議題，這些還只是其中的一小部分。這些問題交織環扣，簡單的解決方案根本無法招架，不僅企業沒辦法，甚至連國家級和洲級的方案也無能耐。

從人口成長到氣候變遷，水所承受的壓力正在倍增。

說到水，我們不難看出，可口可樂必須想辦法解決，否則公司就很難成長。因此，在二〇一〇年，公司提出一項和水資源管理有關的遠大目標：要在二〇二〇年做到**水中和**（water-neutral）——要將公司二〇二〇年之前用來製造飲料和其他產品所消耗的水量，如數且安全地送還給大自然和相關社區。[4]自從這項目標宣布後，可口可樂的所有計畫都必須經過相關設計，幫助這項目標順利完成。

可口可樂執行長告訴《富比士》雜誌，公司並非「靈光一閃」，突然體認到永續對於公司的經營策略很重要。可口可樂打從創業之初，就曾在企業責任報告中，以溫暖輕柔的用語談過永續的議題，不過當時並未設定任何指標可判定成效。也就是說，對於永續的關懷並未和公司的所有業務連結起來。

「我們和裝瓶夥伴之間，也還沒建立一致的標準，」肯特說。「（在可口可樂公司）成功的第一要件是，你必須以全球系統的規模運作。第二，它必須內建在商業計畫裡。第三，你必須制定正確的評估指標，可以評估成功的程度。最後，從財務觀點看，它必須是有利潤的。

「我們已經學到最基本的一課，」他說，「那就是，除非把業務和星球當成同義詞，否則就無法越來越受歡迎。」

為了解決那些不連貫的地方，公司開始把成長策略和它的水資源管理目標連結在一起。如此一來，只要公司的業務成長，它投資在社區水資源合作夥伴上的經費也會跟著成長，幫助它達到二〇二〇年的目標。

到目前為止，可口可樂在全球推行的水資源計畫，有將近五百個。這些計畫都經過連結設計，希望能對水資源這個棘手問題發揮最大的正面衝擊。

要應付這類挑戰，往往會讓營運成本上升好幾倍。然而，凡是想在今日世界成功成長的公司，都必須貢獻一己之力，解決這些和自己息息相關的棘手問題。

可口可樂運用各種工具將這些棘手問題視覺化，其中之一稱為**心智圖**（mind map）。這項工具不是可口可樂發明的，它其實相當普遍，網路上可找到一堆範例。重要的不是工具，而是能找到一種方式，以視覺手法將相關議題呈現出來，讓每個人都能**看到**，並理解其中的複雜關聯。

經驗學習五：製作心智圖

對任何公司的經理人而言，最困難的一件事，就是要能看出與某一問題相關的所有議題。問題越複雜，要看出全貌就越困難。我在第一章說過：「設計是有計畫地將事物連結起來以解決問題。」

如果你不知道有哪些事物必須連結起來，那你該怎麼做？

你可以製作一張心智圖。心智圖是一種圖表，目的是為了幫助你和團隊裡的每個人，把與某一問題或機會相關的所有元素和行為，全部找出來。最棒的心智圖，應該是由團隊一起設計，大家腦力激盪，接力發想，並以視覺化的手法將糾結相關的所有層面呈現出來。

心智圖不僅可以幫助你看出所有相關的議題，還能幫助每個人用集體接受的相同語言達成共識。

製作心智圖沒有標準流程。你可以畫在便利貼上，用PowerPoint製作，或是在白板上把概念畫出來。你還可以買到一些專門為心智圖設計的應用程式。心智圖的價值在於最後的成果，過程可以隨你的喜好調整。

步驟一：讓所有人聚集在同一個房間

把利害相關的核心團隊（你和其他專案工作者）聚集在一起。我喜歡從掛紙架上抽出一張大白紙來用，也喜歡用便利貼和簽字筆，我會拿很多過來，足夠大家使用。

步驟二：在表格上找出所有議題

針對不同的議題、概念、主題、元素、行為、法規等等，進行腦力激盪，把它們與你試圖解決的問題連結起來。請每個人把所有答案寫在便利貼上，盡量用兩、三個字把議題陳述出來，字越少越好。

例如，如果我們要集思廣益的棘手問題，是像水資源匱乏這麼複雜的題目，就會有許多不同議題浮現，範圍從全球到在地，從經濟到社會，從倫理到環境。

進行時，我會給每個人十到十五分鐘，把他們覺得重要的議題全部寫出來。接下來，我會請每個人把他們的便利貼黏到空白大紙上。

步驟三：快速將相關議題分門別類

然後，我會請幾個人開始移動便利貼，把相關的議題擺在一起，把這些議題分成幾個小群組。如果分類分得不很恰當，也別擔心。重點是要用最快的速度歸類出幾個主題群組。接著針對每個群組進行討論，看看大家是否都認為我們已經把大多數議題找出來了。我的經驗告訴我，接下來最好稍微休息一下。

步驟四：把每件事串連起來

等大家離開房間後，我喜歡拿出一張白紙，在中央畫個大圓圈，把我們討論的問題寫上去（例如：水資源匱乏），然後在旁邊畫出三或四個圈圈，代表三或四個主題群組。

接著，把所有便利貼移到相關的主題旁邊，用線條或箭頭把這些議題與更大的議題連結。大多數的議題都會是其他議題的子集合。在這個階段，同樣不需要百分百完美精確，重點是要把小組腦力激盪的結果串聯起來，讓它們不再是各自獨立的議題。唯一要遵守的原則只有一條：越重要的議題擺在越中央，越不重要的擺在越邊緣。

步驟五：後退一步，找出圖中的模式

等你把所有東西連好後，請團隊成員檢視圖表，確認是否遺漏了什麼。如果有遺漏，就補上去。等你覺得差不多完成之後，就用這張圖表來討論從中看出哪些模式，哪項危機最嚴重，或是有什麼靈光一閃的啟示出現。心智圖可以幫助團隊找出哪些議題必須優先解決，抓出大概需要的時間，以及設計解決方案時還需要哪些人參與。

精華摘要：當你試圖解決一個複雜性的大問題時，心智圖可以協助你把問題視覺化，同時幫你把設計解決方案時必須考慮到的種種議題，排出先後順序。

現實二：我們活在後網際網路時代

「每件事情都在變：你自己、你的家人、你的教育、你的鄰居、你的工作、你的政府、你和其他人的關係，而且是大翻地覆的改變。所有媒體全面塑造了我們。媒體無所不在，以它們的人格、政治、經濟、美學、心理學、道德、倫理和社會後果籠罩我們，不讓我們有任何部分不受觸及、不受影響、不受改變。媒體即訊息。」

一九六七年，未來學家麥克魯漢（Marshall McLuhan）寫下上述文字，當時網際網路還沒發明。而今日這個交互關聯、媒體飽和的世界，甚至連麥克魯漢也無法想像。

今日的世界是資源開放的、協力合作的、動態的、雙向的、共同創造的、永遠開機的、不斷演化的、切換的、鏈結的、流動的、瞬息萬變的。

我還記得第一次上網的情形。當時是一九九五年，那時我正在讀尼葛洛龐帝（Nicolas Negroponte）的《數位革命》（*Being Digital*），他是知名的麻省理工學院媒體實驗室（Media Lab）創辦人。那本書重新建構了我對世界的想法。該書指出，總有一天，所有由原子構成的東西，都將轉變成由位元構成的東西——總有一天，所有東西都可以數位化，然後連結起來。看看電子書、電子商務、線上銀行、數位攝影和音樂、串流影像，以及永不停歇的新聞週期，我們的確是走在這條道路上。這項轉換改變了一切。

伊藤穰一是尼葛洛龐帝媒體實驗室的後繼者，也是一名創業家、投資家、大學中輟生和網際網路願景家，他在十五年後更新了尼葛洛龐帝的預測，認為我們現在正走向他所謂的**後網際網路**（After-Internet, AI）世界。

根據伊藤的說法，對老牌企業而言，最大的殺傷力之一是創新、協作和物流的成本已大幅下降，這表示大公司再也無法挾著它們的資本、工廠或網絡壟斷市場。印度班加羅爾的幾個年輕傢伙，可以帶著他們的好點子，花費一百美元去參加「百人創業週末」（Startup Weekend）競賽，用月租金五百美元在共用工作空間裡租一張辦公桌，在亞馬遜雲端買一些空間，然後就有可能扳倒資產龐大、叱吒數十年的大企業。這就是後網際網路時代的世界面貌。

例如，二〇一三年，一名住在英國的十七歲澳洲青年，在床上打造出一個可以濃縮新聞內容的應用程式，名為「Summly」，並以三百萬美元的高價賣給雅虎。現在，想像一下一名十七歲青年可能會用3D印表機一夕致富，這樣你應該可以開始感覺到，這場動盪有多劇烈了吧。[5]

除此之外，這些年輕創業家根本不須得到任何機構同意，就能將自己的想法付諸實踐。

> 如果企業想要保持競爭力，就必須採取同樣的心態——在後網際網路的世界裡，許多企業已失去它們在前網際網路時代所享有的競爭優勢。

伊藤指出，老牌企業必須將下面這九條原則牢記在心，才不會被更靈活的競爭者淘汰出局。

1. **用韌性取代強勢**。可以屈服並接受失敗，然後蓄勢反彈，不要一味抗拒失敗。
2. **用吸引取代強迫**。需要時再從網絡中吸引資源，不要把儲備和控制資源當成核心要務。
3. **用冒險取代守舊**。
4. **用系統取代物件**。
5. **用大方向取代路線圖**。
6. **用實踐取代理論**。因為有時你並不知道為什麼這個行得通，但行得通才是重點，而不是你有什麼成功的理論。

7. **用反思取代服從。**聽命行事不可能得到諾貝爾獎。教人服從的學校已經太多了，我們應該歌頌反骨。
8. **用群眾取代專家。**
9. **用學習取代受教。**[6]

對大企業而言，伊藤列出的這些原則，每一條都可能帶來破壞性的助益，不過對想要與消費者建立連結的公司而言，最後兩條尤其重要。

關心群眾而非專家，聚焦學習而非教育，這兩點永遠是最重要的。

畢竟現在掌握大權的就是群眾，他們可以捧紅你，也可以打垮你。我們都知道，當某個不滿的推友發動她的一百四十字戰役抨擊某公司的產品時，情況會有多可怕；或是當一群被挑起情緒的閱聽眾，在臉書上大力推薦或譴責某項產品、某家公司，以及他們喜歡或不喜歡的某個提議時，會發生什麼事。

臉書本身就見識過，一群活躍的公民可以如何阻擋它的策略行動計畫，那項計畫對公司的廣告收益可能很棒，但是對用戶的隱私而言就不是什麼好事。

例如，二〇一二年，用戶和聯邦政府雙雙反對臉書對隱私權的侵犯，公司只好不斷回復它的某些改變。[7] Airbnb也曾惹上這個麻煩，因為有些市政當局執行法律禁止短租公寓或住宅。[8]

談到後網際網路的世界，就必須把社交網站考慮進去。顧客追隨企業領導的時代已經過去了，現在，顧客都想要發聲，想要高聲吶喊出自己喜愛或痛恨的品牌名稱。

要為這樣的新世界做設計，就得接受持續不斷的挑戰，因為它的流動性極高，很容易暴起暴落。不過，就像每個博格人（Borg，《星際大戰》裡的半有機半機器生化人）都會告訴你的：反抗無用。你只能順應調整，不然就承受後果。

現實三：能創造可分享的價值才是贏

所有企業都渴望成長，這不是什麼新現象，真正的新現象是，企業正在擴大角色，對營業所在社區的成長發揮影響力。

已經有很多文章談過企業在永續方面所扮演的角色，特別是和環境有關的部分。不過，為了創造新價值，企業必須從更全面性的角度來思考創造價值這件事，而不只是對所在鄉里做些簡單的回饋。想要成長，就必須讓會受到波及的每一個人，都能理解和分享你的目標。

我們全都彼此相連。

政府（地方與國家）需要成功的企業來創造強大的經濟；大企業需要小公司提供物品和服務；小公司需要受過教育的技術人員為它們工作；人民需要政府提供教育和財政資源，讓他們學習可以謀生的一技之長。金融安康致使身體安康，健康的經濟意味著健康的社群。

如同可口可樂執行長肯特說的：「事實是，我們很少只談創新不談成長，因為這兩個概念密不可分。事情本來就該如此，畢竟，成長讓世界得以運轉。每個人都需要成長，個體、家庭、社群、城市、國家、大洲，無一例外。我們需要各種類型的成長，經濟成長、社會成長、知識成長、政治成長、靈性成長等等，因為，我認為，成長就是我們克服時代大挑戰的終極之道。」[9]

真正永續經營的企業，創造的不僅是經濟價值，還會替營業所在社區創造價值。波特（Michael Porter）和克瑞默（Mark Kramer）把這稱為**共享價值**（shared value）。

「公司必須領頭，讓企業與社會重新結合，」他們指出，「企業必須把公司的成功和社會的進步重新連結起來。共享價值不是社會責任、慈善事業，甚至也不是永續發展，而是追求經濟成就的新途徑。共享價值不是位於企業運作的邊緣，而是核心所在。」[10]

> 你必須在企業運作的所有領域裡創造價值，才能贏得成功——為你自己，以及為你的供應商、你的客戶、你的消費者和你的社群贏得成功。

最近，可口可樂正好推出這樣一項創舉，與美國音樂人和製作人「will.i.am」合作，大力宣傳回收再利用。二〇〇八年，黑眼豆豆（Black Eyed Peas）樂團的前主唱出席柯林頓全球行動計畫（Clinton Global Initiative）的一場會議，該組織是美國前總統創辦的社會改造基金會。他聽說這項運動是為了打造一個零廢棄物的社會，這樣的主張呼應了他的想法。好幾年來，這位饒舌歌手和他的樂團在體育館、運動場和俱樂部舉辦演唱後，總是會留下大量垃圾，這點一直讓他很沮喪。「我讓人們聚集在一起，」他說，「但是卻留下這麼多廢棄物。」[11]

放眼所及的那堆垃圾，特別是寶特瓶，讓他很困擾，但是柯林頓的這項活動，刺激出一個想法：如果可以把這些塑膠瓶變身成人們喜愛的衣服、包包和鞋子，那不是很好嗎？或是把鋁罐變身成腳踏車？更重要的是，如果你穿上或購買這類產品，不就可以把你的關懷展現在你的穿搭上？這樣是不是可以鼓勵人們認真做回收？

那年下半年，他開始製作一本手工書，描述這類回收專案的模樣，並在二○○九年找上我們，想看看我們有沒有興趣一起合作。

我們一拍即合。「這項提議擄獲可口可樂執行單位的心，」公司的副總裁暨永續長佩雷茲（Bea Perez）表示。[12] 更重要的是，這個想法跟公司希望在二○二○年達到零浪費的目標一致，並讓公司可以用新鮮又時髦的方式將訊息傳遞出去。

「美國的回收率只有三成左右，」佩雷茲說，這個數字同時反映出兩點：一是人們對這項議題缺乏意識，二是沒有便利的地方能放置可回收的廢棄品。可口可樂有必要出手協助，解決這個棘手問題。

和will.i.am合作，可以激起民眾對回收的興趣，這點很重要，因為他把做回收從盡義務轉變成**酷**行為。

二〇一二年倫敦奧運期間，will.i.am和可口可樂共同推出生活風格品牌「EKOCYCLE」，將商業活動與will.i.am的流行歌曲〈愛〉（Love）相結合，傳達出「結束也可以是一個嶄新的開始」。

EKOCYCLE在臉書上標示出讀者可在哪些地方找到回收設施，並推出該品牌的第一批產品——「新世紀」（New Era）棒球帽和德瑞博士公司（Dr. Dre）製造的「節拍」（Beats）耳機，後者的製造過程使用回收寶特瓶。那年稍後，又簽下四家公司：Case-Mate，生產智慧型手機保護殼；Levi's牛仔褲；MCM，製造高檔手提袋、行李和皮件；以及RVCA，衝浪滑板時尚品牌。

利用設計打造連結

在第一章，我們說過，**設計是有計畫地將事物連結起來以解決問題**。如果你想要利用設計幫助企業成長，那麼你該問的問題是：「我們企業的設計方式、我們的設計走向，是否有足夠的彈性可以處理棘手問題？我們的設計方式是否可以將群眾擴充到最大程度？我們的設計方式是否可以創造分享價值？如果不行，原因何在？如果做到的話，會有什麼成果？」

對大多數企業而言，這些問題都不好回答，它們並不符合正常的商業運作模式。當中牽涉到許多麻煩問題，像是：誰該負責在組織裡創造共享價值？哪個小組？哪個部門？大家都有責任，是嗎？但是哪個人的職務內容裡有創造共享價值這一條？還有，在正常的業務規畫週期裡，替未來一、兩年分配預算時，誰又能預測到會出現ECOCYCLE這樣的創舉呢？

設計可以幫忙解決這些難題。先從問**為什麼**開始，鎖定目標做設計，而且要非常有計畫地安排公司的作法。如此一來，你就能開始把各個小點連結起來，創造綜效，串聯孤島。

設計並非某個部門、職務或大師的專屬品。

設計不屬於任何人。設計完全是關於連結，要有很多很多的連結，才能在今日的世界裡創造成長。

這就是重點：想要承擔這類壯舉，公司的設計方式一定要能提升靈活度，而不只是有助於擴大規模。所有企業都需要規模，但如果少了靈活，它們就無法創造出每個企業更需要的東西——**攸關性**（relevance）。

經驗學習六：大處思考，小處著手

想像一下，這是你接下新工作的第一天，你的任務是要為企業打造由設計驅動的文化。你的第一步會做什麼呢？除非你是公司的執行長，否則你可能空有一個好點子，但是無法贏得足夠的信任，也無法建立追蹤紀錄，很難進行什麼大刀闊斧的舉措。

那麼，你該從哪裡開始呢？

答案是：小地方。

找出有問題的人（某個人、某個團隊等等），和他們一起解決問題。一開始，你只能靠這個方法找到讓你越來越受歡迎、越來越有價值的牽引力（traction）。這和你參加哪個方案關係不大，你只是需要一個可以證明的點，以及一些動力。

我還記得，可口可樂內部最早和我接觸的團隊之一，是我們設在中國的一個小組，當時他們正打算推出酷果汁（Qoo）這個品牌。酷果汁最初是在日本設計的，屬於帶有果香味的非碳酸飲料，有一個淡藍色的吉祥物邊喝邊開心地說「Qoo！」（Qoo在日文裡相當於「啊！」，就是人們喝下某樣東西瞬間解渴時會發出的聲音。）

我跳上飛往香港的班機，加入工作坊，討論我們可以怎麼做。

通常，為解決這類問題所組成的團隊，會包括行銷人員、技術人員（調味科學家等）、包裝工程師、商業小組（負責解決製造和物流等後勤業務）和客戶小組（決定我們的零售商中哪個是最有可能的銷售管道）。這是頭一回，有人邀請設計師一起上桌討論。

我很快就發現，他們預期我會談論和品牌打造有關的內容，這很合理。不過，我可以看出，真正可讓設計發揮作用的機會，是把這些各自為政的單位連結起來。我們必須改變設計的心態，不要把它當成讓產品更漂亮的手段，而要把它當成連結的方法，將所有小組和活動串聯起來，為產品上市貢獻心力，這才是真正的機會。

雖然要在不同的國家推出新品牌總是困難重重，不過我記得當時覺得，酷果汁這個案子和我們可以在可口可樂做的事比起來，實在是非常渺小。然而透過這次經驗，我開始建立和中國工作小組的關係，並找到某些牽引力。

等到四年後北京奧運舉行時，我們已經可以用強而有力的方式，讓設計發揮最大效用。這包括贊助一場全國競賽，讓設計系學生創作限量版的鋁罐，針對「可口可樂，為生活加樂」（Coke Side of Life）廣告活動所提出的八大主題進行詮釋。

這在中國是前所未有的創舉。這項方案很成功，連eBay都開始販售這系列的包裝瓶，每瓶售價超過一百美元。我們在北京市中心舉辦了一場盛大的慶祝派對，邀請數百人參加，包括董事長、學生、來自世界各地的ＤＪ。

我還記得坐在那裡時，腦海中想著，四年前的我，絕對想像不到會有這一天。而這一切，都可回溯到當初為酷果汁這個小品牌工作的機緣。啊——。

精華摘要：一開始，先創造幾個快贏案例，並建立關係。

第二篇

設計提升靈活

Creat
Solution
ork
Managemer
Le
Vision
Innova
ss
SEO

世界上有數百萬個品牌，而且有許多是成功的。但是只有少數能達到十億美元的等級──那是一種品牌專屬俱樂部，會員至少要有十億美元的身價。雖然要創造這種等級的品牌比以往容易，但要一直保有會員資格卻是越來越難。

> 對股東而言，十億美元的品牌不僅利潤豐厚，也是一個非常明顯的指標，可代表一家公司的創新能力和文化。

為什麼？想要穩居十億美元品牌的寶座，唯一的方法，就是尋找新途徑創造競爭優勢和攸關性。在今天這個世界裡，志得意滿等於自尋死路。

大多數的十億美元品牌，都是同類產品的領頭羊，還有些幸運的少數，會變成最高品質與最佳信用的象徵。有些甚至可以超越相關產品，變成哈佛行銷教授霍特（Douglas Holt）口中的**文化圖騰**（cultural icons），被注入文化性的神話地位與意義。[1]

一九七〇年代，可口可樂拍了一支著名廣告，內容是美式足球隊匹茲堡鋼鐵人（Pittsburgh Steelers）的「壞脾氣」葛林（Mean Joe Greene），剛剛辛苦防守完一場比賽，一個小男孩給了他一瓶可口可樂，壞脾氣葛林則是脫下球衣丟給他。這支廣告不僅表現出在一場硬仗之後來瓶冰涼飲料有多滿足，它還捕捉到那個時代的社會緊張關係，而可口可樂這個品牌，也毫不迴避地傳達出它對該議題的看法。

對大多數品牌而言，這類文化烙印就像聖杯一樣珍貴——但就算是這麼尊貴的聲望，也不保證可以長長久久。

身為消費者，我們不太會從市值的角度去思考十億美元品牌，我們只會覺得它們是全世界最好的品牌。

儘管如此，某些品牌的規模還會讓你大吃一驚。例如，幫寶適的市值高達三百一十億美元，每天幫助兩千五百多萬名嬰兒保持屁屁乾爽。它是寶僑（P&G）集團所擁有的二十三個十億美元品牌當中的一個，其他還包括金頂電池（Duracell）、德國百靈（Braun）、Bounty和吉列（Gillette）。

奧利奧（Oreo）是卡夫集團（Karft）旗下的十億美元品牌，也是全世界最暢銷的餅乾品牌，全球年營收高達十五億美元。[2]

舒潔（Kleenex）是隸屬於金百利克拉克（Kimberly-Clark）的十億美元品牌，市值約有三十億美元。每次當我們說「我需要一張舒潔」而非「我需要一張高品質面紙」時，就是在肯定它是同類產品的領頭羊和文化表率。

而這當然是每個企業的夢想。[3]

每個品牌都夢想加入十億美元俱樂部。

十億美元俱樂部裡的菁英，大多是歷史悠久、經過時間考驗的品牌，往往被視為有勢力的保守老衛隊：勁量（Energizer）、任天堂（Nintendo）、迪士尼（Disney）、樂高（Lego）、萊雅（L'Oreal）、路易威登（Louis Vuitton），當然還有可口可樂。[4]

不難想像，某個品牌一旦加入俱樂部，當然不想被掃地出門。不過想要一直保持會員身分，卻變得越來越難。

我們在第一篇提過，世界的變化速度比過去更快，以及這樣的情勢如何對老牌企業和十億美元品牌帶來全新的壓力。接下來我們將在第二篇看到，除非企業能用更靈活的身段真心擁抱這種複雜性，特別是老牌大企業，否則它們的十億美元寶座就會岌岌可危。我們只要看看美國最傳奇的這家企業發生了什麼事，就可以了解，要從十億美元的寶座上跌下來，甚至幾乎把整個企業都賠上了，是一件多麼容易的事。

柯達一刻

伊士曼柯達公司成立於一八九二年。它的布朗尼（Brownie）相機讓每個人都能輕鬆捕捉回憶。相機、投影器材和膠捲這幾項產品組合，為柯達創造了數十年的利潤。想當年，柯達可是人們眼中最創新的世界級企業，堪稱十九世紀版的蘋果、谷歌和亞馬遜。

柯達軟片是這家企業的十億美元品牌，大多數人都把柯達軟片和品質最優良的底片畫上等號，大多數美國人也都用它來保存珍貴的記憶。對許多人而言，柯達就等於底片——根本不會想用其他牌子。

「柯達一刻」（Kodak moment）已經深嵌在美國的通俗用語中，代表（在柯達底片上）捕捉記憶的完美瞬間。美國歷史上一些最令人難忘的時刻，就是捕捉在柯達底片上：一名水手在時代廣場上深吻一名陌生女子，慶祝二次大戰結束；航太總署太空人登陸月球；甘迺迪遇刺。隨著柯達企業的運作規模擴展到全世界，「柯達一刻」也深入世人心中。這個概念跳脫國界，傳遍全球。

賽門（Paul Simon）的名曲〈柯達彩色〉（Kodachrome），傳唱出攝影師對這項產品的熱情，歌詞中盛讚這種底片「色彩鮮豔」，並懇求「媽媽，請別拿走我的柯達彩色底片」！

沒想到，二〇一二年一月，伊士曼柯達公司居然申請破產，把每個人的柯達彩色底片都拿走了。員工縮編到只剩一萬九千人，並因為股價低於一美元而遭到證券交易所除名。大約十年多前，它的員工曾高達十四萬五千人，而且是傳說中的三十支道瓊藍籌股（即績優股）之一，每股股價超過八美元。

如今，柯達已擺脫破產，也逐漸站穩腳跟，但永遠不可能恢復它極盛時期的巨獸地位。

到底發生了什麼事？為什麼如此創新的一家企業會失敗？從其他大企業也在努力掙扎，以免步上後塵的情況看來，適應市場變化的能力，在今日顯然比以往任何時期都更重要。

每家企業都有可能面臨「柯達一刻」的危機。

等等，一家這麼創新的企業，怎麼會砰的一聲就殞滅了？一家擁有十億美元品牌的企業，怎麼會一夕之間突然就變得無關緊要？柯達就跟十億美元俱樂部裡的所有企業一樣，很懂得如何利用設計的力量擴大規模，但光憑這招已經不夠用了。不只柯達有這個問題，最成功的一些世界級品牌，在快速變化的市場干擾下，不僅無法成長，甚至還得努力掙扎才能勉強存活。對這類品牌而言，競賽的名稱很簡單，就是如何在自由落體加速度中活下來。

那些以新創為名的暴發戶

讓我們換個角度看一下。目前也有一大群品牌**不是在為生存奮戰**，它們出身卑微，卻在一夕之間就進入十億美元俱樂部。你以為那些老衛隊會張開雙手歡迎它們嗎？——錯。事實上，這些暴發戶正在給那些老前輩們製造混亂和恐慌。因為它們不僅和時代脈動緊緊相連，而且幾乎在所有人心中，都擁有頂尖印象的知名度。

首先，這些新創公司**非常年輕**。大多數的老衛隊都以自己的百年聲譽為傲，但這些新創公司大都成立不到五年，有些甚至不到兩年。以往，缺乏智慧和經驗這點，會把大多數新創公司留在最有潛力新人的名單上，但那已經是過去式了。

這些羽翼未豐的品牌，在形象舉止各方面，都和奧利奧、幫寶適或雷夫・羅倫（Ralph Lauren）等老衛隊截然不同。新創品牌都是快速暴發型，老衛隊則是穩健慢長型。用細條紋衫和雕花皮鞋來象徵藍籌股地位的老衛隊們，行事牢靠又可預測；至於那些穿T恤和牛仔褲的新創們，卻是急躁、無禮、靈活又不怕失敗，犯了錯就軸轉一下，繼續前進。

> 別把新創和達康混為一談。

在千禧年交替那段時期，一群快速成長的新公司風靡全世界，這些公司大多是以網際網路為基礎，它們很快被統稱為**達康公司**（dotcom），以便和老字號的大企業和傳統的新興小企業做區隔。大體而言，這些新手公司都活力旺盛、經常冒險，不管是和大企業或傳統派的小前輩比起來，似乎有著完全不同的DNA。

它們野心勃勃、創意無限，但卻是從狄恩（James Dean）管理學院拿到它們的劇本——生命來得快卻也去得早。[5] 它們大多會燒掉幾百萬美元的現金打造一個酷網站，用符合人體工學的Aeron專業電腦椅、桌上足球機和名流主廚的廚房來妝點辦公室，但往往會忽略掉經營一家公司不可或缺的一些實務面，像是找出可行的產品和可擴充的商業模式。

這些打高空的達康公司，很多都在二〇〇〇年三月開始的市場泡沫化中紛紛墜地。這場達康泡沫帶來的教訓非常慘痛，卻也因此讓後來的公司牢記在心。後來的新創公司，例如Airbnb短租住宿、Square行動支付，以及Uber（優步）叫車服務等，可不像Webvan. com食品雜貨外送網、Boo.com時裝網站，或Pets.com寵物用品網等前輩，一出手就是華麗的登場派對和超級盃廣告，它們克勤克儉，只用一點點現金甚至完全沒花現金，並從第一天開始，就鎖定某個未被滿足的大需求，專心打造它們的商業模式。等到它們登上十億美元的寶座時，它們早就已經設計出一個可重複的商業模式，而且經過檢驗修正，不但足以挑戰那些老衛隊，甚至可能把整個產業搞得天翻地覆。其中最值得注意的一點是，它們是**經過設計的**：設計來學習、應變，然後擴大規模不走下坡。

要記住，新創並非大企業的縮小版，也不是小企業的縮小版。新創甚至還沒跨過企業的門檻。

新創是一種暫時性的組織，它們的設計目的是要找出一種可重複和可擴大的商業模式。[6]

布魯克林的群眾募資平台Kickstarter和哈林區西一三二街的喬理髮店（Joe's Barber Shop），有一個很大的差異。兩者的員工都很少，辦公空間也都很簡陋，但Kickstarter卻是打從還在搖籃階段就定下設計目標，要從在地品牌變成全國甚至全球品牌。在它生涯的前三年，為了適應市場修改過好幾次商業模式，幾乎每個禮拜都會更新產品。我們看到它以倍數成長，挑戰舊有的投資模式，並迅速滋生出一堆新版本，創造出群眾集資這個新產業。

喬理髮店就不是這樣，它的設計目標就跟大理髮店向來的目標一樣——提供該街區最棒的剪髮服務（和八卦中心）。它採用的商業模式已經用了很久，也不打算做任何改變，也許會換上比較新的招牌和比較舒服的椅子。它的設計目標很簡單，並不打算顛覆這個產業，也不想採取超級美髮（Supercuts）、大剪髮（Great Clips）和奇幻山姆（Fantastic Sam's）等全國連鎖店的模式。喬理髮店永遠不會在印尼或巴西開分店。而我確定，這對喬並不構成困擾。

但是新創公司利用的設計的手法就不一樣了。

新創公司會設計每一樣東西，從產品到員工到合夥關係到營收模式，確保一切都能保持在靈活狀態。

所以，如果你是一家擁有十億美元品牌的老牌大企業，你可能要捫心自問：「為什麼我們做不到這點？為什麼大品牌做不到新創公司能做的事？為什麼我們無法像新創公司那樣以倍數成長？」

老衛隊們是利用設計擴大規模的專家，它們已經打造出驚人的企業，管理全球性的品牌、供應鏈和物流網。它們有人才、有關係、有資金，卻得努力去做新創公司做的事。在業界稱霸數十年後，竟然有個新手可以過來搶奪寶座，而且還在一夕之間把整個市場搞得天翻地覆，真是太沒道理了。

比方說，想想Instagram，它是一家打造手機照片分享網站的新創公司。臉書在二〇一二年，用十億美元的現金加股票買下這家翅膀還沒長硬的公司。Instagram起家時，完全沒營收也沒半個用戶，卻在不到兩年的時間內，憑空創造出市值十億美元的品牌，而且累積了三千萬名用戶。[7]

那麼，為什麼柯達做不到？畢竟這一百年來，柯達都是那個拍照首選的品牌，不是嗎？雖然這家企業做了幾十年的市場研究，累積了無價的智慧財產，打造出一個十億美元的品牌組合，以及龐大的研發能力，但事實證明，它還是沒有足夠的靈活度，可以看出商機並快速掌握。二〇〇一年，Instagram的創辦人還在念高中時，柯達就已經買下Ofoto，一家早期版的Instagram，但就是沒辦法把它做起來。[8]

柯達和Instagram這兩個活生生的例子，確實讓老衛隊們徹夜難眠。我們是不是留了什麼錢在桌上，讓別人有機會賺走？我們是不是有哪個十億美元品牌岌岌可危？我們的產業是不是快要崩潰了？

現在，你應該可以猜到，它們錯失的能力，就是所謂的靈活性。就像我們先前講過的，成功可沒辦法碰運氣——只能靠設計。

第四代創新

現在，試著想想看，如果老衛隊能夠摸清楚該怎麼靈活前進，就像臉書、Square或Dropbox一樣，那麼情況會如何呢？如果索尼有本事利用它的龐大資產，包括它的範圍、資源和關係，創造出大躍進的成長，那麼局面會變成怎樣？有可能因此減少核心業務的壓力，為公司創造出新的營收活水，以及與新世代建立連結所需的關聯性嗎？

許多人紛紛預測，我們正邁入以商業模式為焦點的創新新紀元。

事實上，這種更高階的複雜度和機會所帶來的壓力，正在孕育某種史無前例的東西。二〇一二年，《哈佛商業評論》（*Harvard Business Review*）刊登了一篇文章，名為〈四大企業的車庫創新〉（The New Corporate Garage），作者安東尼（Scott Anthony）是克里斯汀生（Clay Christensen）成立的創新洞察顧問公司（Innosight）管理經理，他把這種現象稱之為第四代創新。[9]

他在文章中指出，在這個新紀元裡，將由大企業領導創新的方向。它的故事梗概如下：

第一代創新是「孤獨發明家」（Lone Inventor）的紀元。當時，類似萊特兄弟、愛迪生和彭伯頓這類人物，可以單打獨鬥將突破性的創新帶進生活裡。他們不必承受巨大的時間和競爭壓力，可以用自己的步調和自己的資源白手起家。

不過，隨著生產線日益完美，創新也不再是孤獨發明家可以企及的事。於是進入第二代創新，也就是「企業實驗室」（Corporate Labs）的紀元。一些擁有大型研發實驗室的大企業，例如杜邦、寶僑和ＩＢＭ，擔負起商業創新的主要責任。

接著進入第三代創新，也就是目前的「由風險資本挹注的新創」

（Venture-Capital-Backed Startups）紀元。大企業裡的一些不安分員工，因為受不了企業的階層制、惰性和龜速，決定和其他企業的人一起合作，開創他們的新公司，通常是由風險資本挹注。它們不僅是新公司，更是擁有遠大目標和商業模式的公司，以快速成長作為設計準則，也就是所謂的**新創**。

但是，這可不是矽谷才會有的現象，也不是美國這類高發展的市場才能獨享的機會。今日全球新創社群的拓展範圍，已經從紐約遍及尼泊爾。全世界的每個城市裡，都存在共同工作的空間。每個大型組織中，幾乎都有相關的孵化和加速方案，每個人都能找到另類的集資工具（例如群眾集資）。還有「百人創業週末」之類的大型組織，提供五十四小時的訓練，教你如何將想法化為新創事業。凡此種種，共同創造出一個巨大的生態系，任何人都能用有史以來最輕鬆的方式開創新事業。

不過，對手也比以往更容易剽竊你的想法、挖走你的人才、蠶食你的市場。例如，酷朋團購網（Groupon）如電光火石般竄起，並以史上最快的速度登上十億美元營收的寶座。但是對手也很快跟進，搶奪這塊日常交易市場，酷朋的股價也就跟著遭殃。

於是今日的問題變成如何讓事業維持夠長的時間，足以創造出禁得起時間考驗的競爭優勢或規模，這也為第四代創新埋下了種子。擁有龐大資產和全球規模的大企業，如果可以採用新的創業行為，可以像新創公司那般靈活，就可以成為新一代真正的領袖。

設計提升靈活

那麼，企業該如何利用設計來創造靈活性？這就是我們要在第二篇談論的內容。

和利用設計擴大規模相較，利用設計提升靈活的目標不同、作法不同、產品也不同。

接著我們就來看看可口可樂公司如何利用這種走向，讓公司變得更聰明、更快速、更精實，並在過程中創造出新的價值和永續成長。我們將證明，你的公司也能做得到。

第四章

更聰明

「在被迎頭痛擊之前，每個人都是有計畫的。」

——拳王泰森（Mike Tyson）

我以前很愛我的黑莓機，用法簡單，而且傳郵件比用筆記型電腦方便。我經常旅行，它給我一種得到解放的行動感。我可以在起飛前最後一分鐘檢查我的電郵，飛機一著陸又可馬上收信。它簡直太神奇了。

當然，我不是唯一有這種感覺的人。幾年前，黑莓機非常流行，很多人都把它暱稱為「快克莓」，會讓人上癮。

我把黑莓機放在牛仔褲的前口袋。它一震動，我就會立刻伸手去拿，跟巴夫洛夫（Pavlov）的狗一樣受到制約。由於這種習慣太過強烈，據說有些人經常會感覺到鬼來電（ghost vibrations，幽靈震動症候群）——就是你明明感覺到黑莓機發出震動，卻沒有來電紀錄。[1]

二〇〇四到二〇一〇年間，黑莓機稱霸手機市場。但是快轉到今天：黑莓機的市占率已經從囊括五成掉到無關緊要的程度。

發生了什麼事？很簡單，黑莓機沒有與時俱進。當市場已經開始從手機轉換到智慧型手機，把焦點從硬體轉移到軟體，從聽筒轉移到應用程式時，黑莓機卻還在發展它的硬體解決方案。

不行嗎？以前很有效啊。它們知道蘋果在做什麼，但選擇固守陣地。蘋果畢竟是一家電腦公司，它們哪裡懂手機？我可以想像黑莓機的一票經理在會議室裡詆毀第一代iPhone的畫面，他們可能會說那根本是玩具，和黑莓機差太遠了，不須大驚小怪。音樂、應用軟體、相機……電話上面幹嘛要有這些東西？黑莓和大多數的成功企業一樣，只關心完美無瑕的執行力，把焦點集中在過去行得通的模式上——設計出漂亮的機子，然後行銷到全世界。它們的設計是為了擴大規模，而非提升靈活。

黑莓和蘋果不同，它不懂得如何利用設計來學習和適應瞬息萬變的市場。說實話，蘋果發行第一代iPhone時，也不知道該怎麼和消費者連結。如果你買過最早期的iPhone，大概還記得它實在是又輕又不牢靠。不過，這次的經驗讓蘋果開始學習哪些部分有效，哪些速度不夠快，讓蘋果變得更聰明。很多人可能不知道，這就是利用設計提升靈活的必經階段。

利用設計提升靈活，可以讓公司學得更快，變得更聰明，減少被淘汰的風險。

於今回顧，很容易看出黑莓錯失了手機產業的轉型契機。iPhone才不是玩具，它是蘋果公司非常聰明的一項設計決策。它讓蘋果以新創的速度和破壞力躍進到一個全新產業，顛覆它，然後登上領袖寶座。

「世界不會為黑莓停下腳步，我們正在見證結果。」恆達理財（Edward Jones）的分析師克雷爾（Bill Kreher）如此說道。等到黑莓公司在二〇一三年推出它的Z10智慧型手機時，已經整整慢了兩年，早被甩到浪頭後面了。[2]

會出現這種情形，並不是因為黑莓的主管們完全無視於外面世界的變化。我相信他們有一套穩健的商業計畫，一套長久發展的模式，甚至還拍了激勵人心的影片，想要提振資深管理人的自信。然而，時代已經變了，以往，企業的領導人還可以花時間去蒐集數據、審時度勢、制定出周詳的策略計畫；但是今日，可以讓企業看出錯誤並採取補救措施的窗口，已經變得奇小無比。

隨著風險越來越高，世界越來越複雜，利用設計來學習和應變的重要性，也變得越來越關鍵。在這樣的大環境裡，經理人要做出攸關公司生死的決定，也變得無比艱難。

二〇一二年，世界經濟論壇（World Economic Forum）指出：「經理人發現他們所處的環境出現結構性的不同，變得更複雜、更易變、更不確定。大多數人都覺得他們還沒做好準備，可以因應這樣的複雜性。現代領袖隨時處在壓力之下，得在高速運作和資訊爆炸的環境中做決策。提交決定、反覆推敲、加上缺乏清楚的成效資料，這些壓力都讓經理人害怕做出錯誤決定，並因而使決策陷入癱瘓。」[3]

自我顛覆或被別人顛覆

你不必是執行長或國家領袖，也能從人生的道理上領略這點。為了符合時代潮流，我們都必須在人生路途中做出重大的轉變和軸轉。這需要思維敏捷，還要有足夠的才智可以預見即將來臨的變化，知道如何調整專長，因應不斷流動的環境。

一九九五年時，網際網路就是海平面上的那一波大浪。

讓我們回顧一下Web的早年發展，也就是今日我們浪漫地稱之為Web 1.0的那個時代。那是在賈伯斯（Steve Jobs）重返蘋果之前，在谷歌之前，在部落格、推特和Snapchat之前，在任何**社群網站**之前。

網景（Netscape）是當年的瀏覽器首選，大多數人都是用撥接方式，透過桌上型電腦連上網路。那時網際網路上大約只有十萬個網站（當時，每個人都把它們叫做**網頁**〔Web pages〕）。兩年後，網站的數量飆升到一億；今天更是超過七億大關。[4]

當年，我在一家快速成長的設計公司工作。我有很棒的客戶和超強團隊——我覺得自己已經達到事業的巔峰。我也用新的媒體程式教設計。當時每個人都在談論受到新科技驅動的新經濟。我教授的課程之一，是要設計一些需要新科技支撐的新系統，但是那些科技似乎都像遙不可及的空中樓閣。其中之一，是一種數位貨幣系統，類似今天的比特幣（bitcoin）。

當時我可以明顯感覺到，有一波大浪要來了。我從小就衝浪，雖然無法確知這波大浪是什麼，或是會捲到哪裡去，但我知道，我想衝上去。我說服一名工程師和另一位設計師，開始進行我們的業外計畫，取名為「Process 1234」。我們認為，可能很快就會有一波大需求出現，專門替老牌大公司發展以網頁為基礎的新產品和新服務，我們還想到，可以據此開創新的顧問業務。我們做了一些業外工作，把整個構想測試了一遍——而且成功了！我們辭掉工作，跳進創業的大海。

現在回頭看，當時我們根本不知道該怎麼進行，完全是憑著一股信念，既然我們是設計師，我們就能找出辦法，只要我們找到，我們就能改變全世界。

沒想到，「Process 1234」竟然一飛沖天，讓我們驚訝不已。才花六個月的時間，我們就取得盈利，並打造出穩健可行的商業模式。接著我學到很多創業者都能理解的一個教訓：開創新事業的首要任務之一，就是要和你的共同創業者先把天花板釘好。也就是說，打從一開始，就要將成功的定義界定清楚。我想要把事業擴展到月球：我的天花板釘得超高。然而，我的一名創業夥伴，卻只想住在低矮的小房子裡。到最後，因為我們無法搞定歧見，只好關掉「Process 1234」，加入高達九成的失敗行列。

這次經驗讓我學到很多。當時我並不了解，雖然我們沒有能力擴大

「Process 1234」的規模，但我們確實證明了有這項需求存在，並且驗證了我們的商業模式。事實證明，我們並不孤單。當時也有其他人抱持同樣的想法，而且這次經驗也讓我變得更懂得行銷，如果一直做原先的設計工作，肯定學不到這項本事。公司收掉沒多久，我就搬到紐約市，加入那波達康熱潮（和泡沫）。

每個專家、企業和組織都必須學會不斷自我顛覆，不然別人就會顛覆你。

閱讀艾薩克森（Walter Isaacson）撰寫的賈伯斯傳記時，中間有一個有趣場景，是關於如何讓變革的需求具體化。時間是一九九七年，賈伯斯剛結束十年的放逐生涯，重返蘋果不久，他請心靈摯友也是最初的合夥人馬庫拉（Mike Markkula）給予建議，該如何讓公司重新上軌道。

「賈伯斯的企圖心是建立永續經營的企業，他問馬庫拉，這需要什麼條件才能做到？」艾薩克森寫道。「馬庫拉說，可長可久的企業懂得如何脫胎換骨。惠普就曾多次蛻變成功，起初是生產機器，而後變成生產計算機，最後是生產電腦。『在個人電腦這行，蘋果已經被微軟邊緣化了，』馬庫拉說：『你必須讓公司脫胎換骨，做些其他的消費性產品或設備等等。你得像蝴蝶一樣蛻變。』賈伯斯沒有多說，但他心有同感。」[5]

後來的結果大家都知道。一九九四到一九九七年，亞美利歐（Gil Amelio）擔任蘋果執行長期間，蘋果的股價是十三・二五美元，到了二〇一二年九月，在賈伯斯的領導下，最高曾飆升到每股七百美元。

靈活是一種必備條件。而好消息是：每家公司都能利用設計學習和應變，讓自己更聰明。

快速失敗

快速失敗（failing fast）：這是新創圈的常用語。只要走進某個共用工作空間或是早期階段的新創辦公室，經常可以看到這句話漆貼在牆上。

新創公司剛起步時，可說是毫無頭緒。它們不知道客戶在哪裡，對於要用什麼產品或服務來打造公司，也只有模糊的想法。甚至連要去跟別人競爭的那個市場到底有多大，也常常沒有概念。它們根本不可能坐下來，好好制定出漂亮的計畫，然後照章執行，因為它們不知道自己欠缺什麼。它們就只是開始動手，邊做邊學。

大多數的新創公司都沒有大企業的資源，沒人、沒錢、沒時間。在它們的世界裡，明天就可能是世界末日，它們可沒那個美國時間去害怕失敗，它們必須擁抱失敗。事實上，它們巴不得越快失敗越好，這樣它們才能邁出下一步——管它那步是什麼。**快速失敗**可不只是口號標語，對大多人的創業者而言，那是核心價值，是精實創業不可或缺的一部分。

雖然這句話聽在大企業員工的耳中可能有點怪，甚至有點可怕，但是這種壓力並不是壞事。不管你能不能看到或感覺到，今日的每家企業，確實都面臨全新的複雜性，以及隨時會被顛覆的危機。也許你現在還沒感受到急迫性，但你躲不了的。

既然如此，為何不搶先一步呢？為何不未雨綢繆？

不是新創公司也可以學習快速失敗。

任何團隊或企業，都可以用新創的手法推出新的計畫、方案或創舉。學習人們需要什麼和想要什麼，創建原型，評估原型的成效，然後從頭再做一遍，以上這些，都是每個人應該擁有的技術。

這些也許聽起來很新鮮，但是其中的基本原則已經存在很久了。

我最喜歡的故事之一，是和拉森（Norm Larsen）有關，他是WD－40防鏽潤滑劑的設計者和研發者，這種噴劑可以讓門不再發出嘎吱聲，可以清潔吉他琴弦，可以除去布料上的番茄漬，還有大概一百萬種便利用途。大多數人都不知道，WD－40指的是「防水劑，第四十種配方」（Water Displacement, 40th formula）。

故事是這樣的：一九五三年，拉森接到一項任務，必須想辦法防止核子飛彈生鏽腐蝕。[6] 他心想，倘若他的小團隊能夠創造出一種產品，把水分從可能生鏽的表面移除或取代，就能避免腐蝕的情形出現。拉森失敗了三十九次，終於在第四十次時破除障礙，找到對的配方。最後設計出來的這項產品用途廣泛，也在市場上大有斬獲。假如當初他試

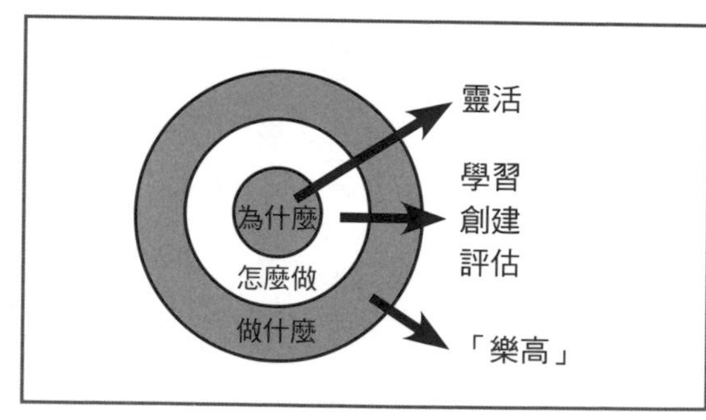

了三十四次就放棄，誰又能知道後來會有多成功呢。

快速失敗意味著快速學習。

所以，當你腦中出現失敗的想法時，請用**學習**這個字取代它，因為快速失敗基本上就等於快速學習。每次失敗都會讓你更聰明，會幫助你了解哪些行得通，哪些行不通。

儘管這個概念在新創圈裡根深柢固，卻無法改變這項事實：它在大企業內部很難被接受。大企業的最高執行者，永遠是那些有本事制定出完美計畫而且精準執行的經理人。如果在這個層級失敗，通常不是值得慶祝的事，因為會被歸咎於計畫不良或執行不力。倘若是上市公司，每一季都得面對成果壓力，自然更難容許計畫失敗，無論公司可以在失敗的過程中學到多少寶貴經驗都不行。

所有公司都能透過設計，將快速失敗轉變成快速學習。

讓我們重新拿出黃金圈模型，重新溫習一下**為什麼**、**怎麼做**和**做什麼**。在利用設計提升靈活這個走向裡，**為什麼**＝設計目的＝靈活；**怎麼做**＝過程＝學習、創建和評估；**做什麼**＝要被設計的產品＝樂高。學習、創建、評估，是今日大多數新創事業所採行的共同作法，也是萊斯（Eric Reis）等人彙編而成的**精實創業法**（The Lean Startup method）的核心。

談過**怎麼做**之後，接著來說說**做什麼**，以及**為什麼**要把你的產品或服務想像成樂高。

樂高不是藍寶堅尼

我們在第一章說過，每家公司都得接受挑戰，必須將設計與成長策略連結起來，也就是必須讓設計具有**策略性**。因此，說到底，設計無他，就是和成長有關——就是把企業的設計方式和企業想要的成長方式連結起來。如果企業已經發展出一項產品（或服務），並打算擴大規模，將產品行銷到全國或全球，那麼就要設計藍寶堅尼——完美的整合系統是你唯一的途徑。

過去一百年來，可口可樂公司就是用這套方式擴大可口可樂的規模，把它打造成十億美元的全球經典品牌。我們在第二章討論過，可樂配方、斯賓塞書法體、曲線瓶等因素，一直是可口可樂擴大規模的關鍵。

但是，由於公司的商業模式改變，朝向全面性飲料軸轉，因此需要更多作法。可口可樂依然得利用設計擴大規模，但也要利用設計提升靈活。它的成長關鍵在於能否讓琳瑯滿目、遍及全球的產品和品牌組合，以分進合擊的方式同時發揮最大功效。這項任務本身的複雜性，加上外在大環境的複雜度，需要公司以不同的角度去思考設計內容，包括溝通傳達、包裝、陳列架、冰桶、卡車、供應鏈、合夥關係，以及所有驅動業務成長的大小事務。很多時候，可口可樂就跟新創公司一樣，無法完全掌握消費者的喜好或市場的演變走向，事實上也沒人辦得到。它唯一確知的，就是凡事都會改變，而公司需要方法來因應市場的改變。企業的設計方式必須能幫助它學習和應變。

在今日這個流動的時勢裡，我們該如何思考設計這件事？我跑遍全世界，發現有個東西可以將答案完美濃縮在裡頭，那就是：樂高。這種小時候玩的彩色塑膠磚，從北京到布宜諾斯艾利斯，幾乎每個人都知道，而且非常喜愛。

> 樂高不只是小孩的玩具。樂高是一種模組系統。

想想看，所有的樂高磚都能攜手合作，幫你完成想做的東西，不管是一堵牆、一棟房子、一座橋或一艘飛船。最棒的是，它們經過精心設計，每個孩子都能輕輕鬆鬆組合出偉大的作品。你不必鑽研物理學、建築學或工程學，就能打造出傑作。

此外，它們的用法很簡單，只要把盒子裡的東西倒出來就可以，不用去讀什麼使用手冊。它們就是有夠多的顏色和不同大小，可以用直覺實現你的想法。樂高讓每個人都覺得自己更有創造力。（老實說，我的書桌上隨時都有一組樂高，伴我度過漫長的電話會議。）

我在第一章說過，系統就是把一組元素和行為連結起來，去執行某件事。在第二章，我們談了很多**經過整合的系統**，也就是那些被打造成藍寶堅尼的系統（簡化、標準化、整合）。當你想擴大規模時，這類系統可以發揮最大功效。不過，如果你的目標是創造靈活性，那麼最好用的系統是另一套。

整合性系統有助於擴大規模；模組性系統有助於提升靈活。

整合性系統是當你準備擴大規模時用的。整合性系統可以幫助事業體減少

摩擦，壓低營運成本，維持一貫品質。

整合性系統裡的每一個元素都經過設計，獨一無二又能和其他獨特的元素連結。每個零件、每個部件、每項功能都是量身設計，可以和其他元件完美搭配，創造一切，不管是冰涼的可口可樂瓶，或極品永恆的藍寶堅尼。

模組性系統就不一樣。模組系統裡的每一個元素都可以互換，也可以用許多不同的方式和其他可互換的元素連結。這項差異聽起來好像沒什麼，但實際影響卻很大。

模組系統就像樂高，可以讓你邊做邊學。它們提供選項，讓你在百忙之中邊學邊適應。小時候玩樂高，如果你不喜歡組合好的房子、城堡或飛機的模樣，很容易就能換個樣子。在這個瞬息萬變的世界裡，我們就是需要用這種方式學習如何設計產品。

想要了解這種方式的成效，不妨看看一個簡單的模組系統，如何在讓人琅琅上口的廣告歌領域裡，支撐起巨大的創意。

經驗學習七：走出大樓

可口可樂就和其他許多公司一樣，有很多員工是在外面執行業務，而不是在企業總部上班。因此，當總部的辦公人員想說服在外面執行業務的人去嘗試某種新事物，很自然會出現緊張關係。

這種情形並非可口可樂才有。無論你是誰、你的頭銜是什麼，你都不能只是坐在辦公室裡打打Skype或發發郵件，就希望在遠處的地方員工會自動改變。如果你想扭轉局勢，你就必須走出去，和他們一起工作，讓改變成真。

有個很好的理由是：你知道的可能不如你以為的那麼多。大多數人都會犯這種錯誤（包括我在內），唯有去到現場，親眼看到問題所在，並和努力解決問題的人碰面，才能完全掌握問題的來龍去脈。面對面的學習經驗，可以創造出其他方式都不可能產生的信任感。高談設計是一回事，但真正的關鍵是，要把你的知識應用在現實的劇本裡，和那些負責業務的人一起生活。

新創公司很了解這點。它們一定要有本事能在一堆人面前迅速看出某些端倪，然後驗證自己的看法，否則不可能設計出人人想要和需要的東西。而且產品做出來後，它們還能根據真實的數據和結果快速修改。

如果你想打造出以設計驅動的文化，這就是你一定要做的事。你得找出現在人們是怎麼做設計，他們可以做出什麼不一樣的東西，然後最重要的是，如何用一組語言或一套工具把他們結合起來，讓他們感覺到設計就是他們（而非你）的本能。

所以，無論你的經驗多豐富、頭銜多好聽，或你覺得自己多聰明，你都必須走出去，和人群接觸，多聽少說，調整你的思考方式，讓自己和總部以外的世界同步。

精華摘要：走出去——讓你的點子離開你的腦子，或離開那塊白板，並用最快的速度放到別人手裡。唯有如此，你才能學到你不知道的東西。

可口案例：五音符旋律

沃夫（Michael Wolff）是國際品牌顧問公司沃夫歐林斯（Wolff Olins）的合夥創辦人，他曾說過：「品牌就是你心裡的一個檔案夾，我們會把喜歡的產品或企業的所有特質，全都儲存在腦袋裡的品牌檔案夾。」[7]

可口可樂這個品牌最讓人記憶深刻的事情之一，就是它的相關音樂。它的主題曲〈我要給世界買杯可樂〉（I'd Like to Buy the World a Coke），已經深植在全球千百萬名民眾的腦袋檔案裡。不過，當初要不是因為壞天氣來搗亂，這首歌可能永遠也寫不出來。

一九七一年一月，可口可樂廣告代理商麥肯公司（McCann-Erickson）的創意總監貝克（Bill Backer），因濃霧被困在愛爾蘭機場。由於天候不佳，乘客被迫在機場睡了一晚，隔天早上，大家的心情都很差。貝克看到那些睡不好的惱火乘客紛紛聚到咖啡吧裡，人手一瓶可口可樂，喝著喝著居然聊了起來，彼此分享故事、點心和飲料，等待下一班客機飛離小鎮。

貝克隨即在餐巾紙寫下：「我要給世界買杯可樂，讓大家歡聚一堂」，然後將紙巾收進口袋裡。

事後回想時，他寫下這樣一段話：「就在那一刻，我對可口可樂有了全新的看法……那不只是一瓶提神飲料，它可以讓遍布世界各角落的千萬民眾展開新的一天……『來瓶可樂』這句熟悉的話，其實帶有一種心照不宣的含意：『讓我們彼此陪伴一下』。」[8]

等貝克終於抵達倫敦後，他找了幾名作曲者一起把旋律譜寫出來。由澳洲流行樂團「新追尋者」（The New Seekers）錄製的這首歌，後來成為羅馬一支電視廣告的主題曲，廣告內容是以來自羅馬各大使館和學校的一百多位年輕人為主角。以廣告為底本的全曲唱片，也登上排行榜前十名。一直以來，它都是最常被提及的廣告歌曲之一。〈我要給世界買杯可樂〉可說是一首完美的主題曲——很難想出比它更棒的設計。[9]

到了二〇〇六年，可口可樂則是採取另一種作法，推出十幾年來的第一支全球廣告：《暢爽開懷》（*Open Happiness*）。這波廣告戰是以《快樂工廠》（*Happiness Factory*）這支影片揭開序幕。影片以動畫手法描繪出可口可樂販賣機裡的異想世界，並用電影配樂的方式完成。

這支影片為「品牌聲音形象」（audio branding）這個新元素打造了完美契機。「我們想要利用音樂讓品牌立刻得到辨識，與全球建立關聯，並深入消費者的意識。我們希望在這波廣告宣傳活動結束後，人們還會記得我們，」當時的全球廣告策略副總裁米爾登霍爾（Jonathan Mildenhall）如此表示。[10]

可口可樂需要某種獨立於歌詞的東西，不必透過語言，只要聽到旋律就能聯想到可口可樂。

可口可樂需要一套可隨機應變的模組系統，而不是一首主題曲。

「我們可以在《快樂工廠》的主旋律上，找到我們想要的鉤子。」可口

可樂全球影片與音樂生產總監費德爾（Nick Felder）說。經過許多次的嘗試錯誤，製作人終於領略到，可以把那支鉤子提煉成由十五個音符組成的旋律，再把這段旋律濃縮成五音符記憶，某種「do do doo da do」。把這種五音符旋律加到電視廣告的配樂裡，馬上就會變成快速傳播的病毒，就算你不會唱，你也會被感染。

負責團隊做了許多嘗試，重新混合不同的節奏、音色和曲調，希望找出每種音樂類型都能輕鬆改編的旋律結構。他們必須打造出可以讓ＤＪ、音樂人和廣告公司共同分享的旋律，讓大家都能利用這個旋律創作出自己的音樂。

最讓人驚訝的是，這個五音符旋律其實只有三個音符，因為有兩個是重複的。音樂人愛死這段樂曲，因為它的限制性超高，卻又豐富無比。

二〇〇九年，〈快樂工廠〉的單曲推出，第一批收錄該旋律的原唱包括饒舌歌手希洛、格林（Cee-Lo Green）、龐克歌手派史坦普（Patrick Stump）、搖滾歌手尤里（Brendon Urie）和新靈魂歌手夢內（Janelle Monae）。另外以不同的語言錄製了二十四個版本，發行到三十幾個國家。

人們開始把這段樂曲稱為**五音符**，一年後，可口可樂公司著手籌畫將在南非舉行的世界盃足球賽。米爾敦霍爾建議找個非洲樂手，用大鼓和部落節奏來詮釋五音符。

幸運的是，音樂執行部門剛剛發掘到一名年輕的非洲歌手和一首很有潛力的世界盃主題曲，而他恰巧就是米爾敦霍爾正在尋覓的聲音。

這位索馬利亞年輕歌手柯南（K'naan），小時候搭上摩加迪沙（Mogadishu）最後一班客機，逃離戰爭蹂躪的家園，與家人定居多倫多。多倫多的A&M Octone唱片公司注意到這位年輕的說唱歌手，並在二〇〇九年為他發行了一張專輯：《吟遊詩人》（*Troubadour*），其中所收錄的〈旗幟飄揚〉（Wavin' Flag）一曲，是他獻給故國的詩意悲歌，但有著樂觀昂揚的合唱。

音樂負責小組認為，如果柯南願意把它改編成歌頌足球而非緬懷索馬利亞，這首歌將會潛力無窮。柯南對這提議欣然接受。《高速企業》雜誌訪問他時，他說：「可口可樂的歌詞可以展現我流行的那一面，創作一首讓人邊工作邊哼唱的歌。」[11]

改編後的新歌就是〈旗開得勝〉（Wavin' Flag Celebration Mix），歌頌青春和一起運動的主題曲。

回到工作室後，柯南錄了十八個不同的版本，還為不同地區量身打造，加入與當地歌手的對唱，這首歌的靈活多變讓他非常開心。「竟然有這麼多文化都能接受這首歌的旋律，真是太讓人興奮了，這表示它可以和很多地方的人們心靈相通。」他跟《告示排行榜》（*Billboard*）這麼說。[12]

可口可樂也很開心，因為每個版本都包含了五音符，等於是可口可樂的音樂簽名，代表那是和可口可樂合作的成果。這個簡單的結構，可以讓音樂人創作出千般萬樣可改編的歌曲。〈我要給世界買杯可樂〉是「藍寶堅尼」級的歌曲，五音符則是「樂高」版的音樂。

多才是多

拉姆斯（Dieter Rams）是德國百靈公司設計部門的負責人，主掌相關工作三十幾年，他用下面這句話總結他的設計走向：「Weniger, aber besser」，翻成中文就是：「更少，但更好」。由他團隊設計的許多產品，包括咖啡機、計算機、收音機、影音設備、家電用品和辦公用品，都已成為世界各地博物館的收藏品，包括紐約現代美術館。[13]

一九八〇年代，拉姆斯寫下一篇類似宣言的文章，名為〈好設計的十大原則〉（10 Principles of Good Design），也就是許多人口中的「設計十誡」。如果你讀過那篇文章，你一定會立刻同意，拉姆斯提到的原則都很重要，但是大多數人卻只看到事情的表面。他們以為，所謂的好設計就是簡約美學，與大多數的企業經理人和商業設計扯不上關係。這些經理人一邊看著拉姆斯一九七二年設計的咖啡機，一邊搔頭想著他們的割喉戰市場。他們心想，「**少即是多**」**或許對咖啡機有效，但我賣的可是房地產啊。你看過最近的房地產市場嗎？簡直是一團混亂**。對大多數企業而言，「好設計＝簡約美學」這個觀念實在很難跟他們扯上關聯。

在今天這個世界，企業的設計目標不是成為博物館收藏品，而是要能帶動成長並順應時代潮流。

由於世界變得極為複雜，市場上又充斥著顛覆與革命，想要達到上述目標，可是個大難題。設計必須跟企業的成長策略緊密相連。而對大多數老牌企業而言，靈活就是成長的關鍵。

就靈活性而言，少**不是多**——**多才是多**。為了順時應變，我們需要更多元素、更多選項，而非更少。我們必須利用設計學會如何在瞬息萬變的環境中快速前進，找出行得通的方法。

看看出版業好了。現在，大多數書籍都有各式各樣的版本：精裝書、平裝書、電子書、有聲書，你還可以拿到試讀本與濃縮版。還有一些版本可以讓你在電子書閱覽器、平板或手機上先讀個幾章，再把剩下的部分轉成有聲書模式，可以在開車上班的路上聽。你可以在實體書店買書，也可以輕輕鬆鬆坐在椅子上用網路訂購，或是在附有Wifi配備的飛機上從三萬三千英尺的高空中下單。出版業提供以上所有選項，因為消費者有此需求。「不出版就滅亡」（Publish or perish.），他們為學術圈這句古老格言做了不同的註解。

每個產業都在變動，革命烽火處處燃燒。企業需要更多產品、更多服務、更多平台、更多供應者、更多合夥人、更多通路和更多商業模式，才能隨機應變。

看看金融業、汽車業、健康照護和教育產業，都是如此。每個企業都需要更多選項，才能跟上時代潮流。

可口可樂公司深切體認到這點。先前我們提過，這家公司銷售的大多數產品，都是冰涼時最好喝，可樂本身尤其如此。先前我們也討論過**完美服務**（perfect serve），以及公司如何把完美的產品成分（配方）、完美玻璃（曲線瓶）和完美溫度（華氏三十六度）融為一體。

> 對可口可樂公司而言，特別是在開發中國家，最大的挑戰就是如何讓可樂保持冰涼——別說冰到完美溫度，光是保冰就是一大難題。

公司利用冰桶來保冰。這不是什麼時髦玩意，只是把大多數開發中國家廚房裡都有的設備變化一下罷了。冰桶就是冰桶，沒啥了不起對吧？但是在二十世紀初，它的確是了不起的時髦玩意兒。可口可樂和格拉斯寇克兄弟製造公司（Glascock Brothers Manufacturing Company）合夥，設計出可以放置七十二瓶可樂和五十磅冰塊的冰桶。造型很簡單，就是個紅色箱子，上面印了可口可樂的商標。不過它非常好用，讓公司可以將完美服務擴大到全世界。很多人蒐集這些冰桶，藉此緬懷那個封凍在歲月裡的年代。[14]

到了今天，情況當然大不相同。可口可樂在中國等開發中國家，可沒有一百年的歷史可倚靠。那些地方的人多數沒喝過可樂，也不知道冰冰喝最好喝。事實上，甚至很多人根本聽過冷飲這種東西。既然一切都是新的，自然也就沒任何既定的標準、模式或規格。在這種情況下，如果你的產品是要冰冰喝最好喝，可能就會是一大問題。

在中國，可口可樂公司必須邊做邊學。

在中國，可口可樂不需要標準化的冰桶；它需要一套可調整的系統，以便因應截然不同的多變條件。它需要小的、中的、大的；它需要低價品和精選品；它需要使用方便的冰桶，和大體上可以自給自足的冰桶；它需要可以適應不同電力狀態的冰桶；它需要可以隨老闆喜好打上可口可樂、雪碧、美粒果或維他命水（VitaminWater）等品牌名稱的冰桶。這裡的底線是：公司不需要一款完美的冰桶——一輛藍寶堅尼。它需要的是一盒樂高玩具——一套可調整的系統，可以設計出不同的冰桶來因應不同的條件。

這種走向本身，具有無限彈性。企業可以用它來設計任何東西，從音樂簽名、冰桶到物流系統，一律通用。

可口案例：人工物流中心

在大多數已開發國家，經常可看到可口可樂的紅色大卡車運貨給零售商，包括老爹老媽開的雜貨店到沃爾瑪大型超市。你可以想像，公司的司機們已經把送貨這件事發展成一門科學。每個轉彎都經過計算，運作得跟時鐘一樣精準。可口可樂就是靠著無懈可擊的專注執行力，穩居它的龍頭寶座。

不過，在坦尚尼亞的三蘭港（Dar es Salaam）和衣索比亞的阿迪斯阿貝巴（Addis Ababa）等地，街道往往又窄又髒，沒有開發中國家司空見慣的基礎設施。商店規模很小，通道、電力和安全也都飽受限制。要用大紅卡車運貨不只不切實際，而是根本不可能。

這很重要嗎？很重要，因為衣索比亞、肯亞和奈及利亞這類地方，就是可口可樂的未來。生活在這些非洲開發中國家，以及拉丁美洲和亞洲類似國家的人民，生平第一次擁有比以往更多的機會。他們第一次有能力購買必需品以外的東西，比方說電視、手機或可樂。為了因應這項新需求，可口可樂不能把它在已開發國家的那套作法照搬過來。它必須設計新的商業模式，可以隨著變動的情況調整。

一九九九年，可口可樂的南非裝瓶夥伴可口可樂Sabco（Coca-Cola Sabco, CCS），為了解決衣索比亞的問題，設計出一套模組性的系統方案。它創立十個人工物流中心（Manual Distribution Centers, MDCs）作為原型，測試個人創業者是否有能力變成小規模的物流業者。公司的構想如下：由創業者聘僱員工，利用手推車和腳踏車將產品配送給小餐廳、小酒吧、街角小店和街區裡的一人小攤販。[15]

徵召物流業者之前，ＣＣＳ公司已經將目標地區的所有零售店資料蒐集齊全。一般而言，每個ＭＤＣ站負責方圓一公里的範圍，以一百家零售店為上限。一方面維持小面積，同時又有足夠的經濟活力，可以讓新的物流業者賺到合理利潤。ＣＣＳ確信，對新業者而言，這樣的商業條件可以朝成功邁進；對企業而言，了解每個市場裡的通路如何發揮功能和運作，依然相當重要。單一尺寸絕對無法全體適用。[16]

ＣＣＳ挑選的ＭＤＣ物流業者大多都是第一回當老闆，而且沒念過多少書。審核的標準是看他們願不願意全天候工作，有沒有強烈的職業道德，有沒有辦法找到適合的倉儲地點，以及有沒有能力為新事業籌到資金。[17]

定期接受訓練，是他們成功的最大關鍵。這些新手必須接受一些指導，像是基本商業技巧、會計、營銷、顧客服務，以及倉儲和物流管理。接著要遵照指導原則，擴充和管理逐漸茁壯的業務。

公司利用大量的回饋循環來學習新知。

同樣重要的是，要重新評估如何在正常的基礎上讓事情順利運作，以及如何善用各種回饋循環，因為在這類新興國家裡，市場的變化尤其迅速。[18] 如果無法不斷收到回饋，就不知道哪些地方應該調整。

到了二〇〇二年，ＣＣＳ已經將這項方案擴展到東非全境。如今，非洲的ＭＤＣ數量已經超過二千五百個，僱用的員工人數高達一萬兩千人。

這套系統在許多層面都是一項勝利。首先，它幫助可口可樂解決複雜的物流問題。例如，ＭＤＣ可以頻繁地運送少量產品給零售店面，這點是大卡車辦不到的（就算路況允許也沒辦法），因為那些零售店的規模都很小，根本沒有地方可以儲存一週所需的銷售量，如果不頻繁補給，就有斷貨之虞。在衣索比亞和坦尚尼亞，有八成以上的可口可樂是透過ＭＤＣ配銷，肯亞和烏干達的數字甚至更高：分別是九成和九成九。[19]

請牢記，對可口可樂而言，ＭＤＣ是一套非常模組性的系統——它的設計目標是為了彈性因應在地的市場條件。

在某些案例中，ＭＤＣ的員工會用腳踏車送貨，也有些是乘著小船順流而下，還有一些是用驢子或駱駝——哪種有效率就用哪種。

它也創造許多新工作，特別是讓女性的就業機會大增。這些小生意助長了不斷壯大的中產階級，並因為傳授他們有價值的商業技巧，而強化了業者的長期僱用能力。就算ＭＤＣ業者最後決定轉行，也可能擁有足夠的經濟資源，可以購買我們的產品。這是一種雙贏的靈活應變！

想要利用設計提升靈活，就要設計可以調整的模組性系統。但這樣並不夠，你還必須學會反向規畫（plan backward）。

經驗學習八：反向規畫

如果你是大企業的領導階層，善於規畫未來，就是你的機會所在。對大多數的領導者而言，他們的商業規畫就像是路線圖，讓團隊有依循的方向，以及評估成敗的標準。商業規畫至關緊要，特別是對大企業而言。

下一次，當你負責規畫工作時，請試試這種新方法：反向規畫。這是精實新創最厲害的本事。在它們投入大錢、接下大生意或僱用大批人馬之前，一定會先掌握一些實實在在的具體成果，像是銷售量和使用者等等，然後根據真實的情況做規畫。

行銷大師尤爾（Jim Ewel）在部落格寫道：「傳統派的行銷人員老愛花大錢，規畫大活動，而且總是拖到最後，才會去找些有利的數據證明那些錢並沒有白花。」[20]

聽起來很耳熟對吧？

下一次，決定誰是你的目標客戶，以及你對他們有哪些關鍵假設之後，記得先做些快速的腦力激盪和便宜的實驗，測試你的假設準不準確。找出那些顧客真正在想什麼，真正會買什麼，以及真正會付多少錢來買你的產品或服務。然後從頭再做一遍——根據得到的結果做出修正，再試一次。

等你掌握了所有結果之後，就可以坐下來擬定計畫。這些實驗只要花一點點錢，就能讓你得到不少助益。因為你已經知道哪些東西會有效，可以根據你學到的知識，進一步規畫、設計和執行。

精華摘要：先有結果——再來規畫。

鯊魚級的問題

每次搭飛機就座之後，我都能想像接下來會發生什麼事。劇情通常會是這樣：

「嗨，我是大衛。你的名字是？」

「提姆。」

「很高興認識你，提姆。第一次來雅加達嗎？」

「對，第一次。你是做哪一行的，大衛？」

「我在可口可樂工作。」

「哇，真的嗎？我相信你們一定常常聽到這些，不過我一直有個構想可以提供給你們。你們真的應該好好考慮要不要做……」

我已經在飛機上聽過許許多多的構想。有些時候，構想也會意外現身。比方說，我常常會在旅館房間發現它們的身影——也許是某個包裝的原型，也許是一張速寫等等，通常會附上一張漂亮的便條紙，構想的主人大概是賄賂打掃人員送到我房間的。

這些努力都有一個共通點。它們不是真正的構想，而是**解決方案**（solution）——解決一些還沒經過確認的問題。那些解決方案也許看起來很酷，或似乎很有創意，但這不表示它真能解決問題，或是有誰真的想買單。

這種情形在大企業裡經常發生。某人愛上了某個解決方案，然後就想盡辦法要管理高層資助或支持。

這種作法的問題是，這類解決方案（發想者總是會用「好點子」來形容）也許只能解決一個很小的問題，或只能符合極少數人的需求。也就是說，這很可能會讓企業花更多時間和金錢去設計、製造和販售一些不切實際的東西，而這不是一件好事。很多所謂的得意傑作，就是這樣在大企業裡製造出各種浪費時間、精力和金錢的黑洞。

新創事業不用這一套。它們可沒那個閒錢和閒工夫。新創公司不會把力氣花在解決方案上，而會把時間花在真正的問題上，會先盡其所能地學習，然後才提出解決方案。

它們的共同作法之一，就是先弄清楚這些問題帶給人們的痛苦指數有多高。是被蚊子叮的等級，還是被鯊魚咬的程度？痛苦越大，獲利越多。[21]

當可口可樂開始設計拉丁美洲的零售營運系統時，就是採用這種作法，找出他們需要做什麼。讓我們一起前往哥倫比亞，看看公司學到什麼。

可口案例：XMod零售設計系統

波哥大（Bogota）的查比內羅區（Chapinero）跟拉丁美洲境內的千萬個街區一樣，裡頭充斥著無數小鋪子，扮演社區雜貨店的功能，從農產品到家具無所不賣。此外，它們也是社區的社交中心，可以邊買菜邊聊八卦。

這些小店的面積通常只有幾平方公尺，類似的商店一家挨著一家。不過客戶倒是一眼就能看出不同店家的差別。比方說，他們可以在甲店買到早餐需要的所有東西，隔壁的乙店則是專門兜售晚餐主食，兼賣社區新聞。

和沃爾瑪或家樂福比起來，這些小店的個別營收簡直微乎其微，不過加總起來，它們卻是可口可樂在拉丁美洲最大的銷售通路。

「這類老爹老媽開的小店。在拉丁美洲共有三百五十幾萬家，包辦了一半以上的銷售量。」可口可樂拉丁美洲區顧客與商業發展部副總裁薩拉斯（Rodolfo E. Salas）說。[22] 銷售百分比裡的另一個大宗，是來自獨立餐廳，另外一成到一成五，則是由其他管道售出，包括麥當勞和超級市場。這種情形和歐美的情況剛好相反，那裡的速食店、大百貨和超市才是銷售主力。

有鑒於拉丁美洲的市場規模和潛力，公司認為，如果能幫助小零售商把小店的銷售量衝到最高，就能創造雙贏的局面。問題是，根據公司過往的經驗，最後的結果並不如預期那麼成功。

「我們試了十四次不同的作法。」拉丁美洲市場的行銷總監阿達莫（Alba Adamo）表示。[23] 拉丁美洲共有二十一國，對於什麼方法最能有效打進該市場，大家莫衷一是。

例如，幾年前，可口可樂設計了一組漂亮的陳列架，擺在收銀台旁邊。設計師認為，這樣一定能讓小店老闆在結帳前最後一分鐘多賣出一罐可樂。沒想到小店老闆經常得把架子移開，因為架子會擋到他跟客人聊天。對老闆來說，跟顧客保持私人關係非常重要，這樣才能跟社區緊密相連。

在另一個案例裡，設計師打造出他們認為超棒的購買點看板，一定可以讓雜貨店老闆的架頂看起來很乾淨，讓可口可樂的產品流行起來。結果也行不通。老闆紛紛抱怨那些看板占據了貨品箱上方寶貴的儲物空間，因為在這些小店裡，一釐一毫可都關係重大。

這裡的問題在於，設計師根本就是關起門來做設計，和自己的團隊窩在自己的世界裡各自為政。這種設計作法相當常見，特別是在大企業裡。

很顯然，公司需要的走向是全面性的，有足夠的彈性可以應付不同小店的商品組合，可以根據商店的格局和大小調整，最重要的是，必須讓終端消費者有感——也就是店老闆和他的顧客。

這些方案還必須回應這一行的整體生態。「客人靠老闆招呼，老闆靠零售商服務，零售商靠業務員支撐，至於業務員則可能和卡車司機有關聯。」可口可樂全球集團設計總監加西亞（Gerardo Garcia）說。還有，他們當然都得為可口可樂裝瓶商工作，不管在哪個國家，它們都是主要合夥對象。

此外，可口可樂也有它自己的迫切需求：由於它的品牌組合越來越多，從傳統的可口可樂、雪碧和芬達，擴大到茶、水、運動飲料、果汁等等，它必須找出方法，幫助店老闆在同一塊小空間裡把其他新產品陳列出來。

這是個三重問題：第一，這類小店往往都堆得亂七八糟，根本沒什麼陳列秩序可言；第二，這類小店很容易被錯過，因為它們就塞在街區的小縫隙或小角落裡；第三，商品擺進去後也很難讓客人好好瀏覽，只能在非常狹小的空間裡和所有產品激烈競爭。

二〇〇九年，公司動手創建一套模組系統，稱為**XMod零售設計系統**（XMod Retail Design System），包括貨架、櫃檯陳列架、冰桶和看板，所有需求一應俱全。

公司的拉丁美洲團隊，決定對當地的市場做一次地毯式調查。研究人員在當地業務的陪同下，做了幾十次的走動調查，每天調查六十到八十家小店，目標是要了解小店老闆的一日生活。比方說，他們發現，早餐店老闆清晨三點就得起床烤麵包，五點開門營業，忙過中午才能稍事歇息。

城裡小店的活動模式又不一樣。城裡的老闆比較少跟顧客閒聊，多半得應付匆忙快速的交易：上班路上吃一些小點心、午餐三明治配可樂、一包電池、一包口香糖、一包香菸等等。他需要效率協助，幫他一次應付四個客人。

這就是關鍵步驟。

人們常常說一套做一套。單靠焦點團體或僱用一些聰明的顧問，並無法讓企業真正學到民眾的需求，企業必須用眼睛去觀察人們的真實生活，找出他們真正在做些什麼。

目標是要從每個利害關係人的角度，去掌握所有需求。這是企業創造分享價值的唯一方法，也是企業成功的必備要件。

研究人員接著學習顧客怎麼買東西。這裡的顧客和美國不一樣，美國的顧客會把一個禮拜的分量全部堆進購物車裡，但是在墨西哥之類的國家，則是會每天採買，甚至照三餐採買。公司必須了解他們想要尋找的解決方案：早餐和午餐吃什麼？如果沒什麼時間，該怎麼打發晚餐？

拉丁美洲的小店老闆叫做「tendero」。怎麼讓這些人過得輕鬆一點，是研究人員的另一個重點。

「如果tendero無法看出某項設計可以明顯讓他的資產增加，那項設計就要剔除，」XMod系統的主要設計師哥梅茲（Erika Gomez）說。「如果那項設計純粹是替我們打廣告，同樣得刪掉。」

為這些小店設計的模組元素，可以用不同的方式組合，因應老闆的各種需求。例如，最受歡迎的一款貨架，可以縮短成一公尺，放兩層擱板，也可以拉長到兩公尺，放四到五層擱板。把幾個貨架併排，還可以組成水平牆，或是擺在冰櫃兩邊。小的貨架還可裝上輪子，當成推車。

此外，這些組合元件必須可以快速組裝，輕鬆成形。「速度是一大障礙，」薩拉斯說，「對小店老闆來說，停工就等於從他口袋裡把錢掏出來。」以往這些元件都是在工廠組裝好，直接送過來。為了這個計畫，設計師效法宜家家居的作法，把它們做成可以扁平封裝的款式。

在第一輪組裝時，規畫者會先判定那家店最不忙的時段是白天或晚上，把老闆擔心因為施工沒法做生意的顧慮降到最低。

公司並未心存僥倖，沒有把已經開發出來的系統當成最後版本。因為這套系統最重要的特色之一，就是可以不斷更新，逐步增加新零件。

「我們的目標之一，就是要邊做邊調整，」哥梅茲說。「而不是一開始就把它做到最完美。」

從品牌的角度而言，挑選色彩的標準，是為了幫助顧客在店裡迅速找到所需的商品。例如，紅色是可口可樂的招牌色，想喝碳酸飲料的顧客多半都知道要去找紅色冰櫃。綠色通常會讓人聯想到果汁品牌，藍色則是水品牌。

研究人員在拉丁美洲學到，那裡的新鮮水果又多又便宜，如果使用人工材料或用料不實，下場會很慘。這點對果汁品牌尤其重要，因為公司希望消費者能看出果汁和果園之間的關聯。也就是說，如果設計師想要用木頭，就必須用**原木**，而不能用木紋貼紙。沒錯，木頭很貴，不過設計師找到比較便宜的白松木，而且效果和加工橡木一樣好，甚至更棒。

「不必太時髦，」加西亞說。「事實上，不完美反而更好，因為我們想傳達出果汁是從果園來的，這樣最有產地直送感。」

二〇一二年初，這套系統首先在哥倫比亞上路，部署在五百家小店裡，早期收到的回應相當不錯。「銷售量一開始竄升了兩成五，最後停在一成五左右，並一直保持穩定趨勢。」薩拉斯說。不過最棒的，莫過於看到店老闆對著新組裝好的空間露出驕傲的表情，以及看到他們的生意蒸蒸日上。

這套系統的好處在於可以不斷演化，當公司學到哪些有效哪些沒效，當老闆發現哪樣東西最實用，當客戶提出反應，當公司的產品組合改變了，以及當每個國家的整體零售環境發生變化時，都可隨時調整。此外，它也可以因應不同的地理條件，以及各地的特殊需求，還有不同的價格點，因為可口可樂期望將這套系統推廣到全世界。

第一要務：變聰明

簡單來說，每家企業都可能面臨「柯達一刻」的危機。企業必須學會不斷自我顛覆，不然別人就會來顛覆你。那麼，該怎麼做呢？

只能靠設計。要用可以幫助你學習和應變的方法，來設計你的產品、你的關係、你的運作和你的組織。企業在今日面臨的大多數議題，不僅複雜，而且環環相扣。不過，任何企業都能利用設計提升靈活，讓自己快速失敗、適應瞬息萬變的環境，並與時代保持關聯性。

利用設計提升靈活的最大差別是，你需要同時針對許多問題思考許多解決方案。這有點違反人性，因為我們總是認為有一個正確的答案、一個漂亮的解決方式，可以一體適用。

如果你這樣想，那就糟了。因為你不可能知道哪些事情需要在最後一分鐘調整計畫，或修改你的策略；你也不可能預測企業所在地的整體大環境、變化多端的氣候，以及它對產品銷售的影響；你也不可能預知政治的動盪、媒體炒作，以及瘋狂的隨機行為，這些多少都會對業務造成影響。要了解，設計需要彈性，系統需要不斷更新，永遠要對更好的構想或解決方案抱持開放態度。唯有如此，才能在競賽中保持領先，超越對手，存活下去。

第五章
更快速

對於那些必須先學才會做的事，我們邊做邊學。

——亞里斯多德

我到可口可樂上班的第一個星期四，受邀加入一個全球行銷小組，和他們一起開會。那個小組負責制定芬達的全球成長策略。我對芬達所知不多，但我知道，這可能是我的第一個機會，可以深入了解這個全球最大的品牌之一。之前我當過設計師、創業者、顧問和教授，但這是我第一次進企業工作。我不是很清楚自己該期待什麼，但我像灌飽氣的輪胎，蓄勢待發。

我走進一間沒有窗戶的巨大會議室，看到牆上掛了一百張不同的包裝照片。我跟一堆人揮揮手，發現我的座位被安排在一張光滑的大桌旁邊。我一坐下，所有人都朝我這邊看，顯然是期待我說些什麼。

「ＯＫ，」我問：「我們現在要做什麼？」

行銷副總裁轉向我，一副「要做什麼不是很清楚嗎？」的表情：「你就是包裝部新來的那個傢伙，對吧？選一個。」

「選一個什麼？」我問，希望是我聽錯他的意思。

「幫我們選一個可以行銷全球的新標籤。」

這下，我很確定他不是在開玩笑，而是認真的，但那一刻，我覺得我好像是在參加藝術比賽。我想，那天我沒有一身黑裝扮，但我覺得，也許我應該那樣穿才對，或許還該戴頂貝雷帽，比較有資深藝評家的派頭。我完全沒脈絡可循。我不知道他們的品牌策略、產品組合、消費者、零售商、競爭議題、品牌資產，或其他任何營運限制。這正是我害怕的。一個念頭閃過腦海：「也許我做了錯誤決定。也許現在還來得及把名牌交回去。也許我現在就該溜走，我想沒人會發現。」

我知道，我們的行銷人員並不像表面上這麼輕率。不過，當時我的確不明白，我們有多大的機會可以利用設計來創造更多價值。我只知道，我們必須用不同的方式思考設計。**設計**不僅是標籤、包裝或品牌，設計必須比這些更大才行。我們還有很長的路要走，但總得從某個地方開始。我也知道，關於商業，我還有很多該學的東西。於是，我深深吸了一口氣，跳下水。

「芬達行銷到多少個國家？」我問。

「一百八十國。」

「有幾種口味？」

「一百多種。」

「包裝的尺寸有幾種？」

「很多，每個國家都不一樣。」

「這個品牌有統一性的全球識別嗎？」

「沒有，很破碎，這是我們需要補救的地方。」

「這個品牌對我們的產品組合有多重要？」

「它的全球銷售量僅次於可口可樂。」

「銷售的通路是哪些？」

「什麼通路都有，有北美的自動販賣機，有歐

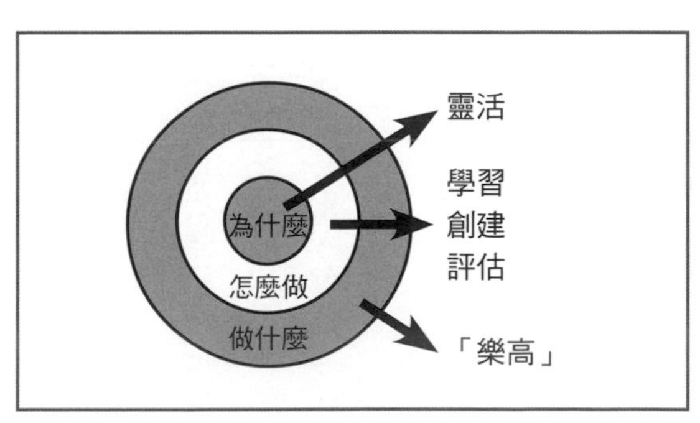

洲的大賣場，也有巴西的老爹老媽雜貨店。」

經過這樣的來回問答，問題變得很清楚。「我們不需要新標籤，」我說：「我們需要一個新系統——一個**模組性**系統，可以根據世界各地的不同需求做調整。好消息是，我們可以把它設計出來。」

現在聽起來，這好像不是什麼了不起的建議，但在當時的確是。對可口可樂公司而言，這是一條設計新走向的起點。我們曾經利用**設計擴大規模**，把可口可樂打造成十億美元品牌。現在，我們需要利用設計提升靈活。

在第四章中，我們曾經用黃金圈模型解釋過這種走向的**為什麼**、**怎麼做**和**做什麼**。

這一章，我們會把重點擺在速度上：**利用設計提升靈活**，可以如何幫助公司更快適應變局。

上一章，我們用大家都知道的樂高玩具，解釋過模組系統的概念。我們說過，樂高（模組系統）可以幫助我們學習和應變。利用這套程序創建或發展產品，和設計整合性的藍寶堅尼產品不一樣，主要是因為前者能給你更快的速度。無論你是大組織的一員，正努力擴大規模，或是新創的一環，正在奮力求生存，這都是一件好事。這場競賽的名稱是：用最快的速度移動，或是比你最強大的對手更快。

讓我們回頭看看樂高，把設計模組系統的概念與速度連結起來。

快速創建

樂高是美妙的系統，但更重要的是，它們是模組系統，這很容易理解。

有兩件事造就了樂高的**模組**性：

第一，樂高是**有彈性的固定**元件。固定的部分是顏色和形狀。我還記得小時候，只能買到基本款的樂高，四到五種形狀，以及白、紅、黃、黑、藍五種顏色。材料也是固定的——塑膠，你不會看到木頭、金屬或其他材料的樂高。這點有助於樂高管理它的全球供應鏈，以及維持製造和組裝過程的品質與一致性。

此外，所有的樂高都是用同一種方式組合，就是把樂高磚上凸起的小圓鈕扣進另一塊樂高磚底部的小洞裡，超級簡單。整套模組系統就是這樣構成——每個磚塊，無論大小或顏色，都可以迅速和其他磚塊組合起來。

多年來，樂高不斷推出許多不同的組合，與孩子們天馬行空的想像力同步前進。這些**彈性**因素造就出樂高的應變力，讓它可以跟上每個世代的腳步。

這樣的設計方式，加上有彈性的固定元件，為樂高創造出靈活性。公司可以輕鬆創造、刪除或結合不同元件，根據消費者行為的改變，將新的組合推入市場。現在，如果你想用樂高打造可媲美上海天際線的摩天大樓，或是複雜的死星（Death Star）要塞、翼手龍和哈比人小屋，樂高都有現成的套裝組合等著你。

試想，如果你也能替公司設計出樂高版的系統，或者說，如果你也能把產品、工廠、供應鏈、行銷活動甚至經營策略，都設計成模組系統，要是可以用小時候幫樂高房子換幾個磚塊那樣快的速度，幫你新買到的東西增添新的功能，或是更換一些零組件與螺栓等等，那該有多棒。這就是利用設計提升靈活應該為公司發揮的功能。

軸轉、固守或死亡

我們在第二章談過，該怎麼設計完美統整的產品。這必須仰賴簡化、標準化和整合等程序，這也是大企業做生意的傳統方式。不過這種策略已經有點不合時宜，因為世界變化的速度加快了。關於這種不確定性，沒人比新創公司更了解，理由如下：

布蘭克（Steve Blank）是創業家、教授，以及《四步創業法》（*Four Steps to the Epiphany*）和《創新創業教戰手冊》（*The Startup Owner's Manual*）兩書的作者，也是公認的**精實創業**革命的奠基人物。

我們在第二篇一開始提到的新創定義，最先就是由他界定出來的：「新創組織的成立目的，是要找出一種可重複和可擴大的商業模式。」[1]

新創靠速度**存活**。和老牌企業不同，新創幾乎每天都在調整和改變。大企業可以花上一個月的時間，籌組出正確的跨部門團隊，召開某個方案的啟動會議。新創公司可不行，如果它們走得太慢，一個月還沒結束，它們就掛了。

最後能把新創公司做起來的，都是一些機動大師，《精實創業》的作者萊斯，把這項本事稱為**軸轉**。

軸轉指的是，公司突然改變它的策略，更動商業模式的基本部分，但並未改變它的願景。

針對實際用戶測試過種種不同假設之後，往往就會出現這樣的結果。如果當初沒有軸轉，推特可能還在努力找出成功的語音播客（audio podcasting），

YouTube可能會是個影音約會網站，酷朋可能還在繼續組織政治抗議活動。[2]

新創軸轉時，修正的幅度可輕微可劇烈，但關鍵都在速度。一旦可以明顯看出它們的商業模式無法運作，創辦人就會**迅速**改變方向。可能是一個禮拜，或一兩個月，但一般而言不會比這更久。如果所有新創的目標都是要打造可擴大規模、永續生存的商業模式，那麼模式裡的任何一部分，只要出現變慢的情況，就需要軸轉——包括產品、客戶、價值主張本身，以及盈利模式和製造、物流模式。也許是產品需要新的特色，也許是銷售通路錯誤，也許是行銷策略不夠有效。每樣東西都可開放討論；沒有什麼是神聖不可更改的——我們談的可是生死問題啊。

葛蘭（Paul Graham）是知名的創業孵化公司「Y Combinator」的共同創立者，他把這種改變方向的意願稱為「思維的流動性」（fluidity of mind），而且他說，這是成功創業者的必備特質。成功的創業者不可死抱著某一想法，不論是出於固執或是因為擇善心理作祟，成功的創業者願意調整自己的看法，順風飛翔。[3]

這些創業者都是**系統思考**的專家（了解系統如何運作，以及如何利用系統設計問題的解決方案）。他們也許並不自覺，但是為了成功，他們必須不斷把自己的新創事業當成模組系統來思考和設計。他們設計產品的方式、行銷策略，或是合夥關係，都必須可以快速增減零件，以便跟上他們修正商業模式的速度。

> 模組性的產品或服務，可以加快企業的軸轉速度。

不過，你不必是新創人，也能運用這項戰術。讓我們以可口可樂的一項方案為例，看看它如何運用這種走向，為旗下成長最快的果汁產品，設計出一套新的模組系統。

可口案例：全球果汁視覺識別系統

對可口可樂這種全球最頂級的品牌而言，設計一套視覺識別系統是一項艱難的任務，但是比起替旗下的品牌組合設計一套視覺識別系統，前者還是容易一點。

為什麼？

品牌的視覺識別系統必須做兩件事。第一，一定要把品牌的情感連結轉達給民眾；第二，一定要與產品的屬性產生合理連結，為品牌創造獨一無二的識別。如此一來，藝術總監、設計師和品牌經理就能利用視覺識別系統行銷品牌，從包裝到廣告到零售經驗全部涵蓋。

例如，當我們重新為可樂設計視覺識別系統時，我們必須將「暢爽開懷」這個情感構想，與清涼、氣泡和獨特香料這些產品屬性連結起來，同時還要將幾十年來內建在斯賓塞書法體等事物上的品牌資產，發揮到最極致。我們創造出一個高度**整合性**的系統。和藍寶堅尼一樣，完美扣合。

但果汁就不同了。

「我們是用眼睛喝果汁。」可口可樂設計總監法洛（Tom Farrell）說。[4] 裡面潛藏了一個問題。你也許不清楚，但事實上，你覺得柳橙看起來應該是什麼樣子，和你生長的環境密不可分。對一家想跟購買果汁的消費者建立連結的企業而言，這些細微的差別，可能導致暢銷全球或行銷失敗。

時間拉回二〇〇八年，當時公司正在世界各地取得一些比較小型的果汁品牌，分別都有自己的品牌策略、識別、包裝和傳達方式。

對公司而言，果汁是一個重要類別，它在全球一百四十五個國家裡，擁有一百多個果汁品牌，而且增加果汁的產品組合，是它成長策略裡的關鍵因素。

公司需要一套視覺識別系統，為這麼多樣的果汁產品組合提供共同的外觀和感覺。為了達成任務，它必須是一套模組系統，才能有足夠的彈性和速度，讓公司可以因應需求增減品牌，在果汁市場上搶奪最大的市占率。

我們知道這是一項大任務，但當時我們還不清楚這項任務有多艱難，直到我們把所有產品聚集到同一個房間，並開始思考這個問題時，才知道有多麻煩。房間裡有在中歐和東歐極為盛行的「Cappy」，也有稱霸中南美洲的「Del Valle」和「Andina」，當然還有美國的「美粒果」，以及在中國相當重要的「美粒奶優」（Minute Maid Pulpy Super Milky），而這些只是其中比較大的幾個品牌而已。

「這實在太可怕了，」法洛說。「基本上就是一團混亂。有一大堆logo、顏色、字體、形狀和大小。沒有任何邏輯可以把它們串聯在一起。」

這不意外。可口可樂透過併購和有機發展，已經建立了幾十個果汁品牌的組合。儘管這樣的成長過程很合理，但最後的結果，就是沒有和諧的外觀和風格。

為了釐清這個問題，我們知道必須從購買者的想法著手：公司這些五花八門的果汁品牌，可以靠哪些優勢與架上最強勁的對手競爭。於是，我們模擬世界各地的典型貨架，開始記錄哪些東西一定要有固定的模樣，哪些東西需要再好好探索。

調查結果非常明顯，可口可樂原本大有機會可以利用這些產品組合創造出更大的效益，以及更高的效率。

除了要替可口可樂的果汁品牌打造共同的外觀和感覺之外，我們還得設計出一種方式，可以包容不同文化對於果汁喜好的細微差異，這點相當重要，因為它會決定遙遠市場的成敗。我們必須找出中國人眼中的道地柳橙，能讓巴西人產生共鳴的完美柳橙，以及讓法國人感覺原味的經典柳橙。更別提檸檬、芒果、桃子、葡萄和芭樂。而且我們得**快**。

我們需要從北京到布宜諾斯艾利斯都可一體適用的解決方案。

我們從研究結果得知，包裝必須將水果的真實內部呈現出來，同時引發消費者的內臟共鳴。然後這句話打中我們：「可口可樂的果汁產品之所以風靡世界，原因之一是，從果園到玻璃瓶，我們都參與其中。」法洛說。「公司擁有農場，我們和果農合夥，我們不是在公開市場上買現成的果汁。因此，和產地

連結這個觀念，是基本要素。」

要怎麼做，才把這項觀念轉化成品牌識別呢？「從果園到玻璃瓶」看起來是什麼模樣呢？要用果農的影像嗎？果園呢？我們全都試過，並不斷更改、徵求回饋、細調、大修，一次次重來。

最後，我們終於找到一個深思熟慮的呈現手法。「我們希望為消費者創造一種熟悉感，」法洛說。「要營造似曾相識的驚奇感。」用看似微笑形狀的水果切片，把消費者心中的隱約記憶和產品陳列連結起來。

我們的測試群裡有個人看到冰櫃裡排成一列的紙箱，脫口說出：「哇，看起來好像生鮮蔬果區喔。」聽到這句話時，我們就知道自己做對了。

不過，我們還沒完工。雖然解決了產品的意象問題，但還有其他事情要解決：資訊架構（口味和營養資訊等）和品牌識別本身。

幾年前，法洛去戲院看《胡桃鉗》（*The Nutcracker*）時，注意到布幕一直是拉開的。他看到舞台上的主要結構一直在那裡，但布景設計師會用一些模組元素讓舞台改頭換面，天衣無縫。

他發現，這些無縫接合的模組系統，跟幫一瓶果汁設計版式沒什麼差別。

「你的水果就是你的前台、你的歌劇主角、你的克拉拉（Clara）和《胡桃鉗》。」法洛說。這些前台元素要根據當地的口味做改變。你的項目提示也要有變化，例如綠色代表果汁，藍色代表水飲料等。但是營養資訊除了語言差異外，就必須固定不變。

全球性的視覺識別必須是一個有彈性的固定模型。「杆架是一樣的，但可以在上面吊不同的衣服。」法洛說。在地行銷者可以強化該區有共鳴的部分，但仍可保留全世界都可辨認的設計DNA。

以美粒果的logo為例，長方形的黑底、反白字，加上頂端宛如地平線的綠色線條。綠色隱喻該公司與土地之間的深刻連結，而且適用於所有包裝。

我們更迭了無數次，試過非常多不同的線條、不同的黑色和不同的字體，最後才敲定這個版本。

其他元素也都遵循同樣的過程——不斷不斷地修改，但整體的目標，都是要設計出一盒樂高玩具：一套有彈性的固定元件，可以根據世界各地的需求混搭組合。

我們打造的「全球果汁視覺識別系統」（Global Juice Visual Identity System）有三大部分：品牌識別元素（固定且有彈性）、資訊架構（邏輯）和每樣東西彼此連結的標準（規則）。這三大部分加總在一起，便可為我們的產品組合創造出一致或共通的外觀與感覺。此外，因為我們設計的是模組系統，所以可以用比過去更快的速度軸轉。

邊做邊學

可以想見，設計模組系統往往會一團混亂——沒有任何東西可以預期。當團隊努力想要找出解決方案的同時，情況卻也不停改變。

我們先前提過，**原型製作**（prototyping）——將構想快速視覺化或製成模型——是一種很有效的方式，可以讓構想走出腦袋，放到桌上，讓大家都可看它、捅它、打造它。製作原型不必會畫圖，也不必有什麼高深技術，任何人都能做到，而且什麼東西都能派上用場：麥克筆、紙張、膠帶、牙籤、便利貼，以及手邊的任何東西。

原型製作是史丹福設計學校（d.school）的基礎，是該學校「設計宣言」（D.Manifesto，所有你該知道的粗略計畫）的四大支柱之一。[5]

「在d.school，我們邊做邊學，」d.school在它的網站上指出。「我們不只要求學生解決問題，還要求學生給問題下定義。學生要從田野開始，在那裡培養對未來設計對象的同理心，找出他們想要解決的真實需求。接著，他們必須反覆研究，找出預期之外的可能解決方案，然後創建初步的原型，帶回田野，進行真人測試。我們傾向先行動，然後根據過程中的發現進行反思。透過反覆迭代來衡量經驗的正確值：不管任何案子，學生能多做幾輪就多做幾輪。因為每一輪都會讓你的看法更堅強，讓你的解決方案更別出心裁。」

原型製作對大多數新創業者也同樣重要。走進任何一個共用工作空間，你都會看到白板、便利貼和麥克筆，這些都是將構想視覺化的標準工具。

原型可以幫助你更快學習。

不管是簡單的速寫或強大的工作模型，原型的目的都在於學習。它們存在的目的，是為了幫助公司用最快的速度弄清楚哪些有用，哪些沒用。這可創造靈活與彈性，在瞬息萬變的環境中快速軸轉或因應。

可口可樂很看重原型製作。世事變化實在太快，公司根本不知道自己不知道什麼，必須倚靠製作原型來幫助自己邊做邊學。這也適用於一些過去沒做但現在要做的新事物，例如種芒果。

經驗學習九：將構想視覺化

當你的名片上印了「設計師」和「可口可樂」這兩個字眼時，跟新朋友的對話內容必然會是以下兩條路線當中的一條：設計或可樂。如果走的是設計路線，十次有九次這位新朋友會說：「我永遠也當不了設計師，我不會畫畫也不會素描。」然後每當我說：「嗯，我也不會時」，他們總是會嚇一大跳。

既然如此，我怎麼又說設計過程的第一步就是要將構想視覺化呢？因為如果你能將構想從腦袋裡搬出來，放到紙張、白板或桌子上，就會有更多人能了解它、打造它、推動它。但你不用去上藝術課學習如何將構想視覺化，你只要讓構想變成眼睛能夠看到的東西就可以。

你的速寫簡直就像小一學生畫的，那沒關係，畫得漂不漂亮不是重點，我們只是要用一個有形的構想來展開討論。

你不須為此弄個實驗室或專屬房間，但你確實需要足夠的空間和一些可以鼓勵協同合作的工具。

在可口可樂，凡是需要討論構想的時候，我們會先確認附近有沒有白板和一些便利貼。只要手邊有這些東西，就很容易讓某個人跳出來，開始用視覺形式將構想呈現出來。

精華摘要：不要讓有沒有藝術天分這件事影響你，別因此不敢把你的構想畫出來。你的重點不是打敗畢卡索，而是要讓你的構想有個形狀，可以讓別人開始討論。

可口案例：烏那帝專案

印度是全球最大的芒果產地，占全球總量的五成五。[6] 這對可口可樂很重要，因為公司需要大量芒果供應南亞市場。我們有一種名為「Maaza」的芒果汁品牌，讓印度人為之瘋狂。印度的芒果汁市場很大，總值約十二億美元，「Maaza」就包辦了將近七成。

這是個好消息。壞消息是，如果要讓需求量持續成長，公司就得想辦法弄到更多芒果，而且要快。

第一件事，就是找出鯊吻級的痛苦問題。在印度，有土地的人很多，但缺乏可高效耕種的工具或技術。

南非地區的農民，是所謂**高密度栽培法**（high-density cultivation）的先驅。這種栽培法會將作物種得很密，然後積極修剪，迫使它們在更少的空間裡結出更多果實，和盆景栽植法有些類似。幾年前，印度農業官員到南非大農場做了一次考察，留下深刻印象。他們決定用相同方法，在印度試種芒果樹。

傳統的芒果樹果園，大約是每畝種四十株。果農會讓果樹長高，枝幹伸展。一般而言，每株果樹大約要花七到九年的時間，才能生產出讓果農可以回本的產量。

一開始，印度政府嘗試在每畝地上種植兩百株芒果樹，成果相當看好，於是政府繼續朝更高密度挑戰。

可口可樂認為，既然公司需要大量芒果，如果能在過程中幫助更多農民提高每畝地的收穫量，一定能造成更大影響。這麼做對果農有利，對印度的國內生產毛額有利，也能提供可口可樂需要的芒果數量。

問題是，可口可樂會種果樹嗎？而且是這種專業的高密度栽培法？想要知道答案只有一個方法：邊做邊學。

可口可樂的印度團隊和「耆那灌溉」（Jain Irrigation）合夥，投入兩百萬美元的經費，進行一項大膽的先導計畫：在安德拉邦（Andhra Pradesh）契托

爾縣（Chittoor）著名的芒果產區，試種每畝六百株果樹。

我們的目標是在未來五年建立一百個示範農場，訓練五萬名具有種植技術的芒果果農。烏那帝計畫（Project Unnati）利用量身設計的巴士提供在職訓練。

果農學習如何密集種植果樹，修剪枝幹讓下層的枝葉也能照到陽光，以及不讓樹高超過七英尺。七英尺是果農可以人工採摘的最高高度，這樣就不須購買昂貴的設備或僱請其他勞力。如此一來，就能將每位果農自身的利潤提到最高。

芒果大學還教導如何運用符合環保的滴灌法（drip irrigation），努力保存珍貴的水資源。

根據估計，採用這種新技術可以讓產量加倍，而且只要三到四年，果樹就能達到最高產量。[7]

速度就是關鍵：更多水果、更多果汁、更多市場占有率。對果農有利，對企業也有利。

這聽起來像是很棒的端對端故事，不過，就跟人生的大多數事情一樣，也不是毫無阻礙，一帆風順。公司一路學到很多，也犯了很多錯誤，試了很多行不通的構想，經過不斷的反覆測試，才終於找出可行之道。

而現在，可口可樂正看著眼前的纍纍果實。這項計畫——這個新創構想——的突破之處在於，如果在印度種芒果行得通，那麼在其他國家種別的作物應該也有機會成功。公司知道必須找出擴大成果的方法，才能達到在二〇二〇年讓全球果汁業務成長三倍的目標。

二〇一〇年，可口可樂推出「培育計畫」（Project Nurture），與非營利組織「科技服務」（TechnoServe）以及蓋茲基金會（Bill & Melinda Gates Foundation）合作，把同一套技法傳授給烏干達和肯亞的農民。這一次，公司把百香果栽培加入課程當中。

根據估計，那一年，可口可樂總共訓練了四萬名果農，其中有將近一萬七千人是女性。這些果農生產了一萬八千噸的水果。公司希望最後受訓的農民中至少要有三成是女性，而這項技術可望讓參與的農民收入倍增。[8]

公司還在肯亞推出「美粒果芒果汁」當成紅利，這是用「培育計畫」生產出來的果汁所製造的第一項產品。

從非營利組織那裡學會品質規格、物流和價格談判之後，農民組成合作社，開始將芒果和百香果銷往中東。

當企業可以讓地區的社會經濟利益與自家的商業利益相輔相成時，就能創造雙贏的局面。它們學到東西並因此繁榮，企業則是學到東西並因此成長。

關鍵在於，要記住這點：你不可能第一次就上手——保持靈活度的唯一方法，就是邊做邊學。

最低限度可行產品

所有企業都可從新創開發產品的作法學到很多東西。當推特、Foursquare或Evernote還在新創階段時，一開始就是先設計一些功能或產品，來學習終端用戶真正想要或需要的東西是什麼，這些答案往往和開發人員當初的設想差別很大。要做到這點，唯一的方法，就是用最快的速度在真實用戶面前掌握市場的大概情況。我們通常會用下列三個詞彙來形容這個過程：快速把問題解決（hack）、發布上市（release）、重複循環（repeat）。

目標是要設計出**最低限度可行產品**（minimum viable product），不用太完美，只要足夠放到真正的使用者（往往就是初期採用者）面前，讓他們用過之後提供回饋意見就可以，用最快的速度知道哪些地方可用，哪些地方有問題。然後開發人員就要回去繼續hack，或把產品分解，做出更好、更強或更符合使用者直覺的版本。使用者越愛它，使用的人數就會越多；使用者越多，新創擴大規模的速度就會越快。

最低限度可行產品也就是某種原型，屬於堪用版產品。

這樣的開發過程是新創社群的第二天性，但你不必是新創，也能這樣做。有些大企業，比方說蘋果，就很精於此道。蘋果每次推出新款的iPhone、iPad或升級版的操作系統，它們都知道那個版本並不完美——完美的版本要等到下一次。在蘋果的案例裡，一開始，那些早期使用者雖然知道接下來的版本會更好，但還是會排隊排上好幾天，只為了搶到第一版的頭香。

不過現在，已經沒有人願意花上幾百美元去買最低限度可行產品。所以，等到蘋果終於推出新產品時，自然也就不再是最低限度版本，而是非常接近可行版本。重點是，它們知道接下來一定會修改某些東西——它們只是要決定該把新上市產品的完美度訂在幾分。這種路徑讓蘋果可以快速移動，讓產品更快上市，如果它們採取的走向是要設計出完美整合的永恆經典，那麼最後的結果一定只會跟最初的設計大同小異。

任何企業都可運用這種設計走向。接著就讓我們看看，可口可樂如何利用這種走向，重新設計這家公司的一大要角——芬達，一個在北美擁有數十億美元產值的品牌。

可口案例：自由混搭汽水機

凡是曾經在紐約麥當勞或倫敦漢堡王的汽水機前，用杯子裝滿可樂的人，都是在用一種一百多年前設計的方法取用飲料。

我們在第二章說過，最早的可口可樂不是裝在經典招牌的綠色瓶子裡，而是放在亞特蘭大雅各藥房的汽水機裡販售。

雖然汽水機輸送飲料的機制——把糖漿倒進玻璃杯，加入冰塊和蘇打水後攪拌——確實有進步，但速度就跟冰川流動一樣慢。可口可樂的第一代行銷祖師爺坎德樂，是把可樂裝在時髦的陶瓷甕裡，配銷給他的最佳顧客，這種方式直到大蕭條時期才有了突破。

阻礙創新的原因，並非可口可樂能夠控制。當時的汽水機是由少數幾家公司壟斷製造市場，它們只想設計最能吸引廣大消費者的機型，一切都向標準化看齊。

一九九八年，在全美九十六億份的汽水販售總量中，有二成二是由汽水機賣出。[9] 二〇〇五年，由汽水機賣出的汽水，可口可樂公司包辦七成五。

> 可口可樂的品牌組合不斷成長，但它的汽水機卻無法跟上腳步。汽水機的設計方式，無法驅動成長所需的彈性或永續。

餐廳或小館子裡的汽水機，一般只能提供六到八種不同選擇。所以，儘管大家對零卡可樂（Coke Zero）和櫻桃可樂（Cherry Coke）越來越狂熱，但是汽水機卻把選項局限在少數幾種：可口和健怡可樂、麥根沙士（Barq's Root Beer）和美粒果檸檬水等。如果下午時間不想喝可樂，想改喝其他無咖啡因飲料，選項實在不多。若是想喝非碳酸飲料，那更是得碰運氣了。這種不方便的情形至少持續了五十年之久。

此外，隨著可口可樂的業務日漸成長，公司也想調查一下，有哪些方式可以節省運費。公司知道，如果可以提高飲料基材的濃度，就可以不必用五加侖襯袋紙盒裝的傳統大容器，可選擇改用其他包材。重量減輕意味著運費減少，碳足跡也會變小。不過，要讓那麼高濃度的液體通過汽水機的閥門，確實是一大技術難題。

公司知道必須設計一套模組系統。

公司需要的解決方案，必須能擴大到全球，也得具備足夠的彈性，因應不同的在地條件和消費者的特殊喜好，還要讓餐廳及餐飲服務業者等客戶方便管理。

開發人員探索了五花八門的科技類型，遠超出飲料業本身的範疇。例如，他們從製藥業那裡學到微劑量技術，可以讓高濃度的香精透過匣盒送出，取代傳統笨重的襯袋紙盒，公司還可因此提供數量倍增的香精口味。

跨領域團隊經過多次原型機測試，終於推出名為「自由混搭」（Freestyle）一・〇版的汽水機。一・〇版的焦點完全擺在選項上。負責團隊知道，當公司增加新選項時，等於是在替民眾創造新機會。例如，在一般餐廳裡，無咖啡因的健怡可樂通常不會是前八名或前十名的選項，因此自然沒道理把它裝進只有十個選項的汽水機裡。但是負責團隊發現，過了下午三點，健怡可樂的排名就會竄升到前三名。此外，隨著人們對卡路里的意識越來越高，低卡或零卡飲料的消費量也開始增加。既然市場成長了，公司就必須想辦法擴大這些選項。最後，開發人員決定在總數一百多種的選項裡，納入七十種低卡飲料，外加三十幾種其他飲料。

此外，公司再也不須派專車運送每袋四十磅重的飲料基材。現在可以把香精裝在匣盒裡，透過航空貨運或食品物流商運送，光是少掉水的運輸，就可為供應鏈減少三成的固體廢料和體積。匣盒的設計目標是要給人牢靠又熟悉的感覺，這樣才能讓通常不具備專業技能的年輕餐館員工有信心可以開關自如，因為它們看起來就像是印表機的墨水匣。

把自由混搭汽水機連上網站，讓公司可以用更快的速度為市場創造新產品，也可以幫助公司用更快的速度學習顧客的真正需求。

由於每家餐廳的消費模式都不一樣，因此不須設定標準的下單模式。一個一般大小的汽水機裡，大約有十一個匣盒，口味組合往往都不一樣。為了搞清楚該如何客製化交付，負責人員還特別去研究「Pottery Barn」和「Williams Sonoma」這些大型家具與廚具公司是怎麼接單的。

機器同樣可能出錯，當它們沒有按照正常模式運轉時，就會發訊息給可口可樂的技術人員。「機器每天晚上都會打電話回家，」可口可樂自由混搭副總裁暨總經理曼恩（Jennifer Mann）說。[10]「我們可以回溯它們的服務紀錄，透過軟體修復進行改善，客戶甚至不知道我們做了這些。這可帶來巨大好處。因為在任何一家餐廳裡，可口可樂產品的利潤率都是最高的，所以讓所有功能隨時保持良好運作狀態，對餐廳店而言非常重要。」

為了抓緊自由混搭飲料這股熱潮，公司還為自由混搭汽水機推出一個臉書專頁，讓消費者分享各自的混調配方。「自由混搭」應用程式還可讓粉絲儲存他們的衣著混搭，然後掃描汽水機上的應用程式，將兩者的創意混合起來。消費者的回應非常熱烈，各種怪異食譜紛紛湧入，每位粉絲都能把自己的獨門飲料配方和自己的照片一起貼在臉書上。

可口可樂現在已經有能力抓取各種消費數據，包括不同地區的使用模式，以及青少年透過社交媒體創作和分享的古怪口味等等，這項新能力帶來的意外結果之一，是為公司打開一扇精彩非凡的窗口，可以看到人們都在喝些什麼飲料。這些資訊已經開始影響新產品的零售決策，可以讓一些早期趨勢浮上檯面，加強上市速度。

事實證明，開發團隊所做的最棒研究，就是在旁邊觀看民眾如何排隊和使用機器。

「我們正在學習如何應付多種需求，尋找共同點，以及在反覆進行的過程中，同時發展出多重性的解決方案。我們現在的速度，比用最初的專案管理作法快上兩、三倍。」曼恩說。

最後的業務成績比可口可樂預期的更穩健。知道自由混搭汽水機的消費者中，有三分之二表示，選擇要去哪裡吃飯或看電影時，那個地方有沒有這款汽水機確實會影響他們的決定。公司本身的銷售量增加了三成，餐廳也分享到成功的好處，整體流量多了四到五個百分點，飲料的供應量也有兩位數的成長。

經驗學習十：要拉不要推

那麼，你該從哪裡著手呢？在大組織裡，要展開任何事情都會讓人害怕。根據我的經驗，從哪裡開始或怎麼開始其實並不重要，重點是要踏出第一步。我剛加入這家企業時，只要有人想見我或邀請我去談論設計，或談其他任何事情，我都會去。

踏出第一步主要是為了建立關係，讓其他人逐漸認識你。如果你想引領改變，你的目標就是要用最快的速度學習，學習那些不會寫在手冊指南或貼在網際網路上的東西。如果讓組織專注於設計是你的職責，那就跳下海吧。

最具策略性的作法，應該是專注在最有價值的市場或品牌上，不過對我來說，策略從來不是邏輯性的，而是關係性的。我把這種作法稱為前往行動所在地：那些把你拉進來解決問題的市場、團隊或人群，就是你該關注的焦點。跟希望你加入他們世界裡的人一起工作，要比把構想推銷給可能不想接受的人容易多了。

我最早期的機會之一，是印尼的事業單位總裁打電話給我，邀請我跟他的領導團隊談談設計與設計思維。我飛到印尼後，我們走在街上，經歷當下正在進行的事物。我們甚至派了一名設計師到雅加達駐地三個月，目的是要他熟悉當地的情況，可以隨時提供幫助。我們試了一堆事情，很多並沒有成功。這次任務繁重、艱難、令人沮喪，但我們有強大的支持，並且學到很多。

踏出第一步後，第二步就更關鍵了。這時，你必須對勢頭非常敏感，你要有能力看出新浮現的模式。你要開始有感覺，什麼東西有勝算，什麼沒有，該把重點放在哪裡，以及你該做些什麼才能快贏。借力使力，以勢養勢。

以我為例，印尼的工作打開了大門，讓我們有機會把自己在設計與設計思維方面的力量推展到拉丁美洲全境。對我來說，這是美夢成真，但如果我們一開始沒去雅加達，這一切都不會發生。等我們去拉丁美洲時，我們已經有能力動得更快，想得更周全，比在印尼時更能將我們的努力推廣出去。

精華摘要：拉永遠比推好——先去那些需要你幫助和想要你幫助的地方。累積一些快贏，可以幫你創造動能，迎接其他挑戰。

接著，變快速

簡單說：在這個變化無情、無法預測的可怕世界裡，快就是區別的關鍵。每家企業都希望比對手更快推出更好的產品。難就難在：你有辦法又快又好嗎？搶快不是常常會導致產品設計不良，或是讓品牌的忠實客戶失望嗎？

想要又快又好的成功關鍵，就是邊做邊學。不斷修正，願意用真實客戶做測試並衡量他們的反應，然後最重要的是，如果行不通的話，就軸轉。與其在大構想上孤注一擲，還不如做些小實驗，它們可以幫助團隊判斷構想是否行得通，可以漂漂亮亮地盛大出場。

新創就動得很快，它們必須如此。每一天都可能攸關生死。大企業對這種速度瞠目結舌：「它們怎麼有辦法那麼快？為什麼我們不能？」不過很多人並沒看到，新創就是為了快而設計的——它們是為速度打造的。

每樣東西，從組織結構、合夥關係到產品，都是為了創造最大的彈性而設計，要讓它們具有足夠的靈活度，可以因應需求立刻軸轉。

每家企業都可以這麼靈活，只要把靈活當成設計目標。利用設計邊做邊學，運用最低限度可行產品以最快速度學習，每個人都可以利用這種方法降低風險及對失敗的恐懼。你不必是新創也能跟新創一樣快，但這不能碰運氣——只能靠設計。

第六章
更精實

「未來屬於不滿之人。」

——可口可樂總裁（一九二三—一九五四年）伍德魯夫

我念八年級時，學校規定每週都要寫一篇報告。每個禮拜六早上，老爸或老媽都會載我去當地的圖書館。我拿出索引卡、筆記本和原子筆，開始工作。現在，我已經想不起來我寫過的任何一個主題或報告內容，但是我還記得很清楚，我是怎麼開始搜尋不同的主題——翻開《世界百科全書》（*World Book Encyclopedia*）。

幾個禮拜後，我開始享受寫報告的過程。待在圖書館的這些禮拜六，肯定是我今天成為維基百科超級粉絲的原因之一。我每天至少會上這個網站一次，它實在很好用。還有另一個原因會讓你更愛它，就是它開放給每個人，要是沒有那些願意把自己的知識分享出來的人，這個網站就不會存在。維基百科是一本協力編輯的百科，條目超過兩千三百萬項，編輯超過十萬人，語言多達兩百八十五種，並有上千萬民眾不斷更新、編輯和更改條目。

那些開車去圖書館、查閱紙本百科的日子，好像已經是遠古往事。那整套系統在今日看來，顯得異常古樸。

《世界百科全書》以前每年都會出版一組新百科。如果你想與時俱進，每年都得買一本更新版。世界百科非常中央集權，照章行事。如果你想知道和巴塔哥尼亞（Patagonia）企鵝相關的知識，但它們認為這不重要，那麼很抱歉，百科裡就不會有企鵝。規則是它們訂的，不是你。

維基百科是設計提升靈活的案例。

在維基百科裡，只要有新事件發生，條目就會更新。每天都會有新內容添加進去。維基百科和世界百科不同，它是去中央極權化和自我組織型的，內容是由四千五百萬位登錄使用者和許許多多匿名使用者共同編纂。所有內容都是模組性的。和樂高一樣，維基百科也有一套有彈性的固定元件。網站的版式是固定的，但內容彈性十足。這樣的設計讓維基百科可以用更快的速度學習和適應使用者真正想要的東西。

《世界百科全書》的設計目標是成為百科界的藍寶堅尼——一個完美統整的系統，一部經典。維基百科的設計目標則是一盒樂高——一套模組系統。

在深入最後一章之前，先來快速回顧一下。

規模與靈活

第一章，我們確立了設計的定義：有計畫地將事物連結起來以解決問題。接著引介西奈克的黃金圈架構，幫助我們了解設計三大元素之間的關係：**為什麼、怎麼做、做什麼**。

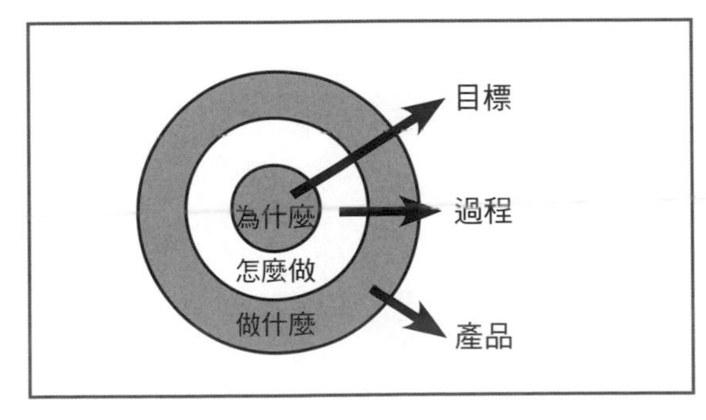

第二章，我們深入討論如何利用設計**擴大規模**。在這個案例裡，我們的目標＝**為什麼**＝規模。我們的過程＝**怎麼做**＝簡化、標準化和整合。我們的產品範例＝**做什麼**＝藍寶堅尼。

第三章，我們把焦點擺在複雜性，以及為什麼每家企業除了規模之外還需要靈活，才能適應飛快變化的世界。

第二篇，我們介紹設計的另一個走向，名為：**設計提升靈活**。我們看到新創如何利用這種設計走向變得更聰明、更快速、更精實。我們的目標＝**為什麼**＝靈活。我們的過程＝**怎麼做**＝學習、創建和評估。我們的產品範例＝**做什麼**＝樂高。

這一章，我們的焦點是：如何利用設計讓企業更精實，你可以如何仰賴設計的力量，用更少人力、更少時間和更少金錢，得到更棒的結果。

我們將說明模組系統如何創造更大的開放性與

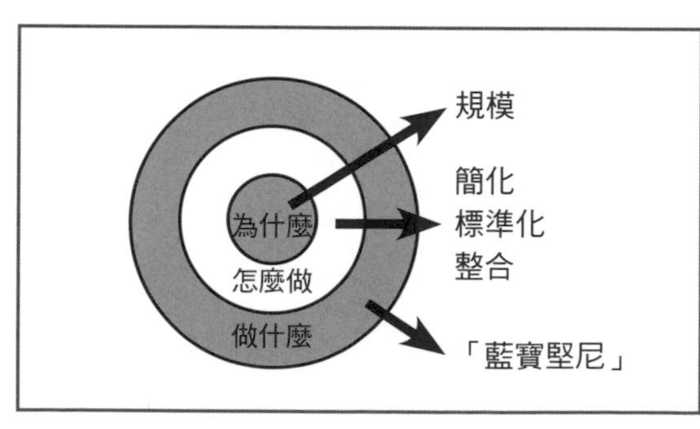

協作性，強化這兩大靈活關鍵。

要開放，不封閉

我們已經為**系統**下了定義：一組元素和行為連結起來共同執行一件事。我們也討論過可以擴大規模的整合性系統，例如藍寶堅尼，以及可以提升靈活的模組性系統，例如樂高。我們還分析過這兩大類系統的設計走向有何不同。

我們曾在第五章指出，有兩件事情可以讓產品或服務變成模組性：

1. 模組系統擁有具彈性的固定零件。
2. 所有零件都以相同方式連結。

不過，還有第三點是我們尚未討論過的：

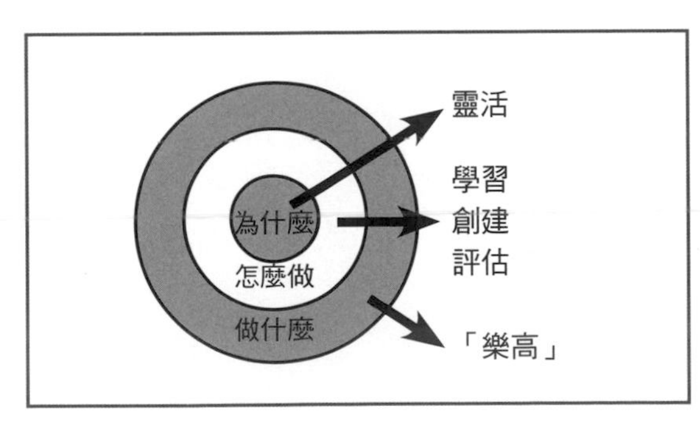

3. 模組系統是開放性設計。

這種開放性可以讓每個人更容易參與設計過程，為系統貢獻新的構想、元素和行為。

開放性系統允統別人在你的沙盒（sandbox）裡玩。

為什麼這很重要？模組系統可以促成更多協作，並創造更豐富的多樣性。開門讓別人走進你的系統，用你閉門造車時不可能想到的方法進行開發。群眾外包、群眾集資、共用工作空間和開放原始碼等，都是建立在這樣的設計走向上。

這裡必須澄清，模組系統未必就是開放系統。同樣以樂高為例，雖然樂高是模組系統的絕佳範例，但它並非開放的，而是**封閉性**的模組系統。

也許你是樂高的超級粉絲，每一組樂高你都有，並對新產品有一些非常棒的構想，但是你的構想永遠沒辦法在下一年樂高推出的新產品中實現。就算你用３Ｄ印表機設計和製作出新的樂高磚塊，寄到位於比隆（Billund）的樂高總部，結果也不會改變。因為樂高是一個封閉系統。

雖然這有點違背直覺，但是開放、分享並允許其他人與你共同設計、發展和創建你的產品，確實能讓你變得更精實。

當企業打開大門，就可以和自身團隊、小組及部門之外的創意、資源和熱情接上頭，而且往往是免費的。大多數人都熱愛分享，只是不知該如何分享。大多數時候，分享並非容易的事。

我們在第五章說過，設計模組系統的一個重要關鍵，就是一定要有一些元素是固定的，例如樂高的組合方式。對於開放系統而言，這點尤其重要。

在維基百科上面，你不能更改字體，不能用詩歌體撰寫條目，也不能放入搞笑YouTube貓咪影片，裡頭有一些每個人都要遵守的規則。在開放系統裡，這類規則或固定元素必須設計得很簡單，讓人人都可輕鬆參與。開放系統的成敗，取決於其他人是否能輕鬆為系統增添內容。例如，維基百科會邀請物理學家撰寫熱力學，鼓勵詩人去修改與平斯基（Robert Pinsky）相關的條目。以這種方式促使別人蜂擁而來，攜手合作。你一旦加入，就能做到單憑自己無法完成的事。開放造就了靈活，關鍵是，要知道該在什麼時候用什麼方法設計每一套系統，得到企業需要的成果。

> 設計開放系統時，目標是：能夠分享。

沒有任何一個人能夠精通維基百科涵蓋的所有領域。除非每個人都上來參與，否則無法成功。

這種設計方式可以非常有趣。記住，你不是在設計一個完美系統，上市然後擴大規模。你的模式是不斷和一群人一起設計。這種作法可以讓你快速嘗試各種可能，與許多人協同合作。參與的每個人，都覺得自己是那套系統的所有人。[1]

與整合性系統比起來，你已經證明你的假設，創建出一套可重複的模式，並經過反覆修正，讓產品達到最優化的完美狀態。接下來，你就可以瘋狂擴大規模了。

不過，雖然開放系統有無法抗拒的吸引力，但也有它不好的一面。它們比整合性系統更複雜，你必須激勵人們**想要**貢獻的意願，才能讓系統運作。如果沒人想增添任何內容，開放系統就無法存活。而且因為它向所有人開放，所以情況永遠會有點混亂，這表示錯誤出現的機會很大，事情也總是會有走岔的可能性。[2]

但是，如果你能讓整個公司都投入開放系統當中，這種參與的行動本身，就會創造出許多驚喜和興奮，因為每個人都會覺得自己正在為公司的成功奉獻心力。

接著來看看我們在可口可樂創造的一個開放性系統案例，名為「設計機器」（Design Machine）。

可口案例：設計機器

幾年前，我去了印尼的雅加達，那裡是可口可樂成長幅度最大的市場之一。根據預測，印尼可望在二〇一〇年代結束時，成為全球第十大經濟體，並在二〇三〇之前竄升到第六大。[3]

這個國家年輕而緊密。它是全球青少年人口最多的國家之一，以無比熱情擁抱社交媒體和行動網際網路。印尼的臉書人口排名世界第二，雅加達則是全世界最大的推特城。[4] 凡此種種，都使它成為我們的重點地區之一。

在我造訪前不久，我們剛推出可口可樂第一個全球廣告活動。整個公司勢如破竹，充滿幹勁與興奮之情。我以為在那裡迎接我的，會和我剛在土耳其、墨西哥與其他市場目睹過的情形類似——廣告、包裝、零售展示與看板，一切都用我們為可口可樂設計的新視覺識別系統完美執行。沒想到結果讓我大吃一驚。

我在一個酷熱潮濕的早晨，和我們的當地裝瓶商，一起站在印尼版的統一超商外面。我們抬頭看著一塊可口可樂的招牌，從十英尺外根本看不清內容。而我不得不承認，這塊招牌是由我負責設計的。

到底是哪裡出了問題？

視覺識別系統對可口可樂非常重要。公司就是運用這套系統來整合所有消費者的品牌經驗，從影片、包裝到零售。我們把它設計成一套模組系統，提供所需元素和指南，供各地市場執行。這套系統讓公司擁有它所需的全球統一性，又能因地制宜。

我們曾經用這個方法，替「可口可樂，為生活加樂」的全球行銷新活動打造出一套視覺識別系統，而且成果相當精彩。我們的目標是要在可口可樂與消費者之間創造新的關聯感。

這份創意大綱的基礎概念是：在一個擁有許多選項的世界裡，人們「自由創造自己的積極人生，自動自發，聆聽內心的聲音，並活得多采多姿」。我們隨時候命！

我們對這概念允滿狂熱，決定放手瘋狂一搏。我們創造出許多品牌新元素——花朵、音符、小鳥、旗幟、魚、蝴蝶——從可口可樂的瓶子裡爆散出來。這個構想擁有無限的可能性，我們覺得，好像必須把品牌識別弄得非常有創意。我們也冒了一些風險，例如，我們推出超鮮豔的配色來襯托可口可樂的招牌紅色。我們還決定把斯賓塞書法體做點小剪裁，創造一些驚喜。

我們推出新的視覺識別系統搭配全球性的廣告活動，那是個嶄新的日子——這個品牌即將有個全新的開端。我們興奮極了，但這是一個大錯誤。

最初的反應很棒：這項新活動刺激全球銷售量，市場占有率也增加了，但是用這套新識別系統執行這次活動，卻讓公司和世界各地的裝瓶商花了好大一筆錢。每個人都得把這個新系統套用到所有資產上：冰桶、看板、杯子、遮陽傘，以及卡車車隊。這些全球各地的資產高達數百萬種，全面改版是一筆巨額花費。

其中最主要的問題之一是，雖然我們的品牌系統在紙面上看起來很讚，卻非常容易出差錯。萬一沒做好，結果就會是我在雅加達看到的慘狀。而且，因為這樣一套系統的上架期限至少是五年，實際上有可能拖到十年，表示我們還得跟它糾纏很長一段時間。

「可口可樂，為生活加樂」是我們過去幾十年來所推出的第一個全球性活動。公司之前的策略，一直是把打造品牌的決策完全交給在地市場。這樣的想法是源自於前十年全球化引起的爭論，身為國際品牌的可口可樂，一方面想要維持強大、統一的識別，一方面又需要比較去中央集權化的策略，試圖在這兩者之間取得平衡。在那段期間，如果波羅的海某個裝瓶商想要用泡泡圖案和自家開發的編排格式來包裝可樂罐，公司通常都會鼓勵他們放手去做。

這項策略進行到二〇〇五年，公司的品牌識別已經變得一團亂。我們根本沒有單一的可口可樂識別，我們有的是一大堆疊床架屋的識別。甚至連在美國這類已開發國家，也是混亂不堪。

「可口可樂，為生活加樂」宣傳活動，就是在這樣的背景中登場。我們打造這個品牌系統當然有設定目標：希望能提高公司的營收，同時提高品牌意識，這兩點都做到了，但是它無法擴大範圍，或因應我們的需求做調整。

我們的問題是，儘管我們已經把一個整合性活動巧妙地執行完成，但是我並未真正了解可口可樂業務的規模和範圍。雖然我們需要擴大公司的意義，並為它創造關聯性，但是我們應該用不同的手法來處理視覺識別系統。我們不該推出一個新系統疊加在所有現存的系統之上，而是應該更加關注我們的固定元素，讓彈性元素更加開放。

我們設計了一套封閉性系統，但是我們需要的卻是開放性系統。

我們需要一個有彈性的識別系統，可以讓中國的老爹老媽雜貨店用在銷售看板上，也可以適用於觀眾數量龐大的美國超級盃美式足球賽。它必須具備在地化的能力，從雅加達到約翰尼斯堡都能融入，但也得繼續用一些固定元素來累積資產，例如斯賓塞書法體、可口可樂紅以及廣告標語。

有了這次和其他類似的經驗後，我們又重新設計了一次視覺識別系統。當時負責這項專案的首席設計師布洛克斯（Todd Brooks），鑽進檔案裡尋找靈感。我們已經有一百年的歷史，我們必須創造某樣東西，可以讓後人繼續在上面打造一百年。「我覺得，未來的答案可以在過去找到，」布洛克斯說，「我得先弄清楚我們已經做過什麼，才能知道今天有哪些事情還沒做。」[5]

布洛克斯和檔案員穆尼（Phil Mooney）的團隊一起爬梳架上的資料，並從一份驚人的資料裡得到靈感：一九七〇年代的可樂罐。那個罐子大膽、簡潔，你老遠就能看出那是可口可樂。由於我在這方面剛有過不好的經驗，所以這項標準就顯得更加重要。

布洛克斯打算精簡我們的旗艦品牌設計，只留下幾個核心資產：紅色、斯賓塞書法體、彩帶紋和曲線瓶。在尋找可供世界各地可口可樂複製共用的識別系統時，我們確立了一項可統稱為開放性模組系統的核心原則：秉持「極度熟悉卻又驚喜連連」的概念，但在它周遭設下一些規範。

我們請英國廣告品牌設計公司阿提克（Attik）幫我們打造新的全球品牌識別系統，設計大綱非常簡單：「讓語言簡化，大膽運用經典瓶身、平光紅色和平面字體……核心品牌需要永恆不朽的品質。」阿提克公司的創辦人索穆維爾（James Sommerville）如此表示，他現在是可口可樂全球設計副總裁。

為了確保全球數百個國家的營業點都能理解這些新的識別標準，阿提克和布洛克斯為該系統發展出幾個固定元素，針對一些麻煩的細節做出精確指令，像是白色彩帶紋該放在瓶身的哪個位置，以及模特兒可以穿著哪類服飾和產品一起拍照等等。

然後，我們把系統開放給其他團隊，讓它面世露出。美國率先跳下海。舊金山的透納達克沃斯設計公司（Turner Duckworth）隨即把這套系統拓展開來，加強了我們和美國這個最大市場的關聯性。改版後的視覺識別系統運作得非常漂亮，它為我們創造內部所需的整合性和彈性。它也得到外界賞識，並在二〇〇八年首度榮獲坎城設計大獎。

我們記取了這次教訓。繼可口可樂品牌重塑成功之後，我們運用同一種走向，重新為我們旗下的大品牌設計識別。當識別系統確立之後，接下來的問題就是該如何鼓勵大家對系統做出貢獻。該怎麼做，才能讓其他人都能輕輕鬆鬆替系統增添光彩？

我們需要更好的方式來鼓勵更多分享。

答案就是「設計機器」，一個客製化的網站工具，可以讓使用者輕鬆創造、分享和貢獻。

「設計機器」讓每個人都能創造品牌傳播，而且除了與我們的全球行銷策略看齊之外，也可以完全在地化。

「我們弄出一個標準化的包裝模板，」布洛克斯說，「而且完全根據我們的核心資產設定好規則。」它的規定事項包括該把斯賓塞字體放在哪裡，怎麼擺置彩帶紋，以及精準的紅色，至於其他部分就有很高的彈性。

「設計機器」也讓成本大大縮減。

它可以簡化地方審核和法律審查等程序，讓廣告代理商或公司的設計發展時間縮短到幾星期甚至幾分鐘。到目前為止，「設計機器」已經在全球一百二十個國家為兩萬五千名使用者節省了一億美元的成本。

「設計機器」也可讓我們的焦點變得更敏銳。我們評估一切，並深入鑽研哪些標準可以提高效益和效率。我們可以追蹤哪位使用者用了那些內容，哪些有用，哪些無用，然後將效率較低的元素刪除。

「我們必須發展出可以提升全球能力的合作平台，」全球集團設計總監加西亞說，「其中的關鍵就是建立一個可以擴大規模的模組性系統。」

這套工具同時管理兩個看似矛盾的東西：它透過固定的標準打造品牌質地，並透過開放性模組系統，讓公司最遙遠的地方也能發揮旺盛的創造力。[6]

「如果你能比競爭對手更快將智慧、學習與知識傳輸到公司的末梢神經，你就能取得優勢。」當時的可口可樂行銷長楚波第（Joe Tripodi）表示。

如果你能打破溝通與資訊分享的障礙，你就擁有巨大的優勢，這對小公司和大企業而言都是一大挑戰。「我希望能看到人們把頭伸出自己的象牙塔說：『嗨，我在汶萊這裡拿到這項設計挑戰，但我不須單打獨鬥』，」楚波第說，「給他們工具去找出解決方案，別讓他們還得從發明輪子開始。」

「設計機器」提供我們一個開放性的平台，發展使用者原創內容（user-generated content, UGC）。我們可以藉此不斷學習和評估哪些東西是關鍵要素，並在需要的時候以最快的速度軸轉。

經驗學習十一：輕鬆做好對的事

杜拉克（Peter Drucker）說過：「管理是把事情做對，領導則是做對的事。」[7]在這方面，設計要思考的是，該如何讓團隊、組織或企業以更輕鬆的方式同時做到這兩點？該怎麼做才能更輕鬆地管理設計流程，甚至透過設計取得領導地位？

這一切說到底，都和創造出對的工具有關。大多數人都想做對的事，但實際上，你很容易就會做出錯的事，特別是在大組織裡。你的工作就是要改變這點，要讓組織更容易做出對的事，更難做出錯的事。

例如，大多數公司都有兩項極為普遍的需求，會影響到它們如何運用設計。

第一，如果它們和我們一樣，做的是進展快速的消費性產品（消費包裝品產業，CPG），它們就需要一套方法，可以持續追蹤所有需要設計的元素：產品的成分、不同的包裝、打造品牌的元素，還有溝通傳播。第二項需求比較不具體，我把它稱為創造的需求（the need to create）。大多數人，尤其是大企業，都想在自己工作的品牌上留下指印，這是人之常情，對吧？

如果你的工作是和全球知名的經典大品牌有關，你當然會想要轉過頭跟別人說：「這是我做的」或「我弄的」。你會想知道，這個品牌比你加入之前更成功，是因為你也有貢獻一份心力。

想要營造以設計驅動的文化，你必須以超高效率管理你的所有資產，但也必須能讓每個人輕鬆有效地運用那些資產。

在大多數的大組織裡，不同的程序、標準和規則，往往都是多頭馬車，不相連貫，因為每個人都得尋找捷徑把事情做完。在某些情況下，無效率的系統確實會因為很容易做錯事而製造混亂、增加成本、拖慢速度。

這時，採用靈活的設計走向，將開放性模組系統的槓桿效應發揮到最高，會讓企業內部所有部門的每位成員都能輕鬆做好對的事。

例如，如果你希望每個人都能做出更棒的PowerPoint簡報，那就設計一套系統：一個模板加上輕鬆好用的操作指南。

如果你希望團隊開會更有效率，那就設計一套系統：為會議的類型命名，為每個類型設定時間，釐清角色和責任，打造一個知識分享平台，將學習成果分享出去。

如果你希望團隊更開放，那就設計一套系統：規畫某個午餐時段邀請兩、三個人聊聊自己的失敗故事。請他們先說故事，再談談他們從中學到哪三大教訓。

在可口可樂，我們經常做這些事。重點是：可運用設計讓大家輕鬆做好對的事。

精華摘要：設計就是那項對的工具，可以讓人輕鬆做好對的事。

突現

冬天時，鳥兒聚在一起往南飛。亞馬遜森林的螞蟻蜂擁而上，幾分鐘內吞噬掉一整片田野。人們的腦袋裡連結了對失業、債務和消費的恐懼，經濟發展也進入衰退狀態。只要某個對手在YouTube上貼出某位政治人物的妥協影片，馬上就會有某個男人或女人的生涯在早餐咖啡喝完之前宣告結束。

以上這些案例，都是所謂的**突現**（emergence，或譯作「湧現」）。突現是個搖擺的字眼，通常會和科學家、經濟學家還有我這類系統理論家唱反調。突現會在個別元素彼此互動或攜手合作創造出某種無法獨力完成的新事物時產生。這個字眼可能有些陌生，但我們都看到了突現的蠢動。

讓我們先了解一下突現的基本情況，接下來才能知道該怎麼設計它。

舉個例子，經濟學家研究投資率、人口成長、科技變遷和其他因素，如何攜手合作，創造出突現經濟體。中國、巴西、俄羅斯、印度、墨西哥、印尼和土耳其，是其中幾個最佳範例。世人認為這些國家還處於某種傳統階段，它們正從那個階段裡突現出來，朝已開發市場邁進。每個微經濟元素彼此連結，創造出成長。任何單一因素都不足夠。

換個比較不嚴肅的例子，比方說瑞典公司設計的「當個創世神」（Minecraft）遊戲。「當個創世神」沒有任何行銷預算，但這款遊戲卻在Xbox 360網站上賣了一千兩百萬套，桌機版賣了一千五百萬套，其他平台加在一起將近五千四百萬套，登錄的會員人數超過一億人。[8] 為什麼？「當個創世神」沒有替玩家設定任何必須完成的目標，提供玩家近乎無限的自由，讓他們高興怎麼玩就怎麼玩。它還有五花八門的使用者原創內容，例如修改「當個創世神」的序號和呼叫模組，讓遊戲玩法可以千變萬化。[9] 這些元素彼此合作，讓遊戲成長茁壯。

新創社群裡的Kickstarter，也是個很好的突現實例。Kickstarter是個為創意計畫集資的風行網站，二〇一〇年十一月，一名芝加哥設計師威爾森（Scott Wilson）在網站上貼出他的構想——一支把「iPod Nano」嫁接在鋁合金外殼上的手錶。威爾森曾向許多公司提過這個構想，但都慘遭拒絕，儘管如此，他認為還是可以再試一次。沒想到不到一個禮拜，他就從五千名支持者那裡募集到四十萬美元。一個月內，增加到一百萬美元，贊助者共計一萬三千五百人，分布在五十個不同國家。Kickstarter讓威爾森的計畫有了突現的機會。[10]

但是，這到底是怎麼運作的？是什麼原因讓螞蟻、鳥兒、經濟、電玩遊戲和Kickstarter投資者採取這樣的行動？

突現仰賴自我組織。要創造突現的可能性，你必須設計出可以在分散的元素中創造秩序的方式，讓許多人透過這套秩序將許多東西分享出來。

這套秩序必須是自發性和去中央化的，不可由任何人指揮或控制。它必須來自系統內部，讓參與的每個人都感到那是直覺性的。

這裡有另一個實例。我很愛逛售鞋網站薩波斯（Zappos.com），它好搜、好逛又好買，如果買到不喜歡的東西也很好退。整個過程完美流暢，感覺一切都在我的掌握之中，我相信會有千萬人同意我的說法。但這可沒有半點僥倖的成分，因為它的設計目標，就是把人擺在第一位，用戶體驗是最高準則。薩波斯最棒的設計之一，就是每項產品都是由真實買家評分。比方說，我看到一雙喜歡的靴子，我訂購前會仔細閱讀真實買家寫下的評語，而非薩波斯行銷人員的介紹。這些評語會告訴我靴子的尺碼標示過大或過小，走起來舒不舒服，需不需要硬擠進去，以及足弓是否有足夠的支撐等等。網站用影片和簡單明瞭的語言說明。如果鞋子不合適也沒關係，它們設計了退貨流程三步驟，不會讓退貨造成惱人經驗。

薩波斯的設計極具社交性。我在薩波斯上閒逛時，總會跟大家一樣，做出網站期待我做的事：買更多鞋子。如果找到我特別喜歡的鞋子，我還會張貼意見，創造內容，與我的朋友們分享。這對薩波斯當然有好處，但對我也有好處。

薩波斯的設計方式，就是要讓自己有機會突現。到了二〇〇八年，在其他公司眼中，它的文化和顧客服務簡直就是一則傳奇，於是它成立「薩波斯透視公司」（Zappos Insights），讓其他公司以每個月三十九・九五美元的費用訂閱視頻服務，詢問與薩波斯待客之道相關的問題，並由真正的公司員工回覆。[11]

接著，讓我們看看另一個可口案例。這次，我們要讓讀者看到，以突現為目標的設計，除了用來發展產品之外，也能用來訓練和支持各項服務。

可口案例：「5by20」專案

我們在第五章談過，可口可樂如何投資一些微型企業，由它們負責在正常物流系統無法進入的地區進行配送工作，以及這項投資如何為可口可樂和經營這項生意的兩千五百位獨立創業者帶來雙贏的結果。非洲的人工物流中心也是模組性系統的一個精彩範例，讓我們看到設計可以如何與時俱進。

人工物流中心的老闆和經營者有許多是女性，每年可賺到兩、三萬美元的比例不少，依地區和不同的時節而有變化。在那些地區，人們往往用一美元就能過上一天，她們的成就讓整個家族脫離了貧窮狀態。人工物流中心除了創造工作機會之外，他們創造出來的收入，估計可以養活四萬一千名家屬。

這項方案的成就，讓可口可樂開始思考，女性可以在提高經濟實力上扮演怎樣的角色。數據顯示，投資女性是一項好策略。在菲律賓，販賣我們產品的社區小店，有八成六的老闆或經營者是女性；在開發中國家，農業人口有一半是女性。總而言之，在我們的價值鏈裡，有非常高比例的女性扮演了關鍵環節。

麻省理工學院的經濟學家杜芙若（Esther Duflo）發現，女性賺到錢後，比男性更可能把錢花費在食物上，男性則比較會把錢花在喝酒抽菸上。此外，整體而言，女性會把收入的九成用在家庭裡，用在孩子的健康和教育上，男性則只會投入三成到四成。[12]

女性不僅是可口可樂的事業支柱，也是她們自身社群的棟樑。

可口可樂發現，如果能賦予女性更多權力，就能帶動地區經濟，增加地方購買力。對她們好，對企業也好。

於是，二〇一〇年，公司推出一項創舉，名為「5by20」。目標是要在二〇二〇年之前，在全球一百個國家裡，協助五百萬名婦女賺到可養家活口的收

入。這個構想不只是開支票捐錢，而是要訓練婦女創業並自食其力，這樣才能產生長遠而持久的影響。

「若是社群無法永續，你的生意也做不下去。」可口可樂婦女經濟能力提升部門全球總監歐德斯（Charlotte Oades）說。[13]

「5by20」採用社交型設計：讓創業者可以輕鬆展開自己的事業。公司沒有規定嚴格的操作方式，專案制定了一些固定元素，也讓許多元素保持高度彈性，同時對新鮮的構想和探索抱持開放態度。「5by20」是為了突現而設計的，這個專案可以根據婦女自身的情況做調整。在某些國家，婦女是透過教育和融資展開物流方案；在其他國家，則是利用這項專案來開小店。不同地區、文化和語言都可使用，等它做出規模之後，受歡迎的程度就會越來越高。

這個開放系統也讓公司可以在過程中快速找到合作夥伴。可口可樂已經和國際金融公司（IFC）、聯合國婦女署（UN Women）及其他世界組織合作。

可口可樂將「5by20」設計成開放性的模組系統，並因此讓自己擁有足夠的彈性，可以因應世界各處的在地情況。

普瑞蒂・古普塔（Preeti Gupta）是參與這項專案的婦女之一。她住在印度阿格拉（Agra）十五公里外的一個小鎮，鎮裡的電力供應非常有限，有時停電會一連停上好幾個禮拜。

普瑞蒂結婚後，家人希望她能待在家裡照顧起居，但她渴望讓孩子們過更好的生活，所以在客廳開了一家小店，賣些飲料、點心和穀物。

開店可不是件輕鬆的事，她和丈夫向親戚借了一些錢，還抵押了私人財產，才籌措到開店的資金。

二〇一〇年，可口可樂協助她在屋頂上安裝了太陽能板，這樣她就能讓小冰櫃運作，賣些涼飲，這在她居住的社區裡可是高級奢侈品呢！太陽能板還有其他好處，有了電，她就能多營業幾個小時，小孩也可以在晚上念書。她的小店也因此變成社區的磁鐵，把大家都吸引過來。[14]

「太陽能冰櫃幫了很大的忙，」她說，「客人來這裡幫手機充電，或是利用白天幫手提燈充電以便晚上使用。也有些客人看到我們燈亮著就走了過來，因為其他地方都停電。」

客人在等手機充電時，通常就會買瓶冰涼飲料當做回報。

普瑞蒂的收入開始往上爬，她現在滿懷希望，因為可以讓小孩去念好的學校。此外，她說，她還得到家人的尊敬。

這項專案在不同國家會採用不同形式。在巴西，「5by20」的贊助者提供小工廠融資。在印度，一輛名為「變革」（Parivartan）的空調巴士，變身成一間流動教室，把教育帶給婦女，省下她們的跋涉之苦。在奈洛比，可口可樂公司和裝瓶合夥商幫助年輕女性募集創業用的種子資本，並替她們的新事業提供行銷支援。對十六到二十四歲這個年齡層的人而言，這是很重要的一股推力，因為這個年齡層的失業率最高。

雖然這樣的專案肯定非常複雜，但可口可樂公司有一個簡單又可操作的數據指標，讓專案能夠集中焦點。

> 「5by20」是個簡單好記的指標，讓公司得以在世界各地明確聚焦。

二〇一二年底，可口可樂已經在巴西、中國、哥斯大黎加、埃及、海地、印度、肯亞、墨西哥、奈及利亞、菲律賓、南非和泰國推行了「5by20」。這項專案已經協助三十多萬名婦女取得經濟獨立，對於在二〇二〇年達到五百萬人的目標而言，算是不錯的開始。

集中焦點

有一件事，對新創和大企業而言是共通的，那就是想要贏，你就得**集中焦點**。如果焦點渙散，很容易造成資源浪費，包括時間、金錢和人力。對大企業而言，焦點不集中會造成效率不彰，執行力也會受到掣肘。這個問題經常讓執行長頭痛失眠：要怎麼做，才能幫助企業裡的每個人把自己當成老闆一樣認真工作，節省資源？

對新創公司也一樣，每個人**都是**老闆，如果新創公司活了下來，每個人都是贏家。如果新創公司收了，每個人都是輸家。所以，集中焦點是攸關生死的大事。

新創公司有一項法寶，可用來把焦點聚集在最重要的事情上，那就是所謂的「關鍵指標」（One Metric That Matters, OMTM）。如同名稱所顯示的，它就是真實進展的指標。克羅（Alistair Croll）和尤斯科維茲（Benjamin Yoskovitz）兩人在《精實分析學》（*Lean Analytics*）一書中，對關鍵指標做出這樣的定義：

在某些特定時刻，你可能需要努力回答一百個問題，同時應付一百萬件事。這時，你必須用最快的速度找出事業最大的風險區，因為最重要的問題就在這區裡。當你知道正確的問題是什麼，你就能知道該根據哪個指標找出問題的答案。這就是所謂的關鍵指標。

那麼，你的「關鍵指標」是什麼呢？你該用哪件事來衡量你的計畫、你的專案或你的團隊是不是成功了？是不是每個人都能輕易理解你的關鍵指標？那項指標對你的專案、你的創舉或你的事業是否具備立即性、可行性、可比較性和根本性？

你不必是新創公司，也能運用這項法寶。千萬別被某些衡量標準給耍了，那類標準會讓每個人都感覺良好，卻無法真正告訴你公司是否有往前走。

比方說，假設你正在為團隊安排一場兩天的研討會，內容是和新方法或新程序有關。可能有很多人報名參加，研討會的第一小時或第一天甚至真的有不少人出席。不過，就算報名兩天課程的人有一百五十位，但如果第二天教室裡只剩下十五人，那就表示你的邀請工作可能比研討會的真實內容要來得好。你的關鍵指標不該是報名人數，而是第二天的出席人數。

可口可樂曾經建立過的關鍵指標之一，是和產品包裝有關。二〇〇九年，公司設定一項目標，要採購用可回收和可再生材料製作的寶特瓶，並希望在二〇一五年之前讓這類採購量達到總量的二成五。這是個很好記（但很難達成）的指標，可以讓員工集中焦點。它容易理解，可以執行，對於達成公司的永續使命也很重要。

可口可樂最近又設定了一項新目標：要在二〇二〇年將所有的PET寶特瓶包裝材料百分之百改成所謂的**植物環保瓶包裝**（Plant-Bottle Packaging）。[5]稍後我們將會看到，植物環保瓶不只是用植物做成的瓶子，也是另一個開放性模組系統的精彩範例。

可口案例：植物環保瓶包裝

在巴西南部連綿廣袤的大農場裡，甘蔗田一望無際。這種高大的多年生草本植物，有著節狀的堅韌莖幹，是世界上規模最大的作物。[16]

雖然大多數人都認為，甘蔗是糖的主要原料，從巧克力到卡琵莉亞（caipirinha）雞尾酒都少不了它，不過巴西人也知道，這種植物的莖很有可能變成更重要的作物。

甘蔗榨糖之後剩下的乾燥纖維，稱為**蔗渣**。蔗渣非但不是無用的廢物，反而具有獨特價值，因為它可以轉換成乙醇之類的生質燃料，而且效率非常高。事實上，身為全球最大蔗糖生產國的巴西，早就是處理這類材料的專家，巴西政府要求，生質燃料的比例須占全國汽油總用量的二成二。[17]

由於種植和收成甘蔗所需的碳足跡較低，加上它與糧食作物之間沒有競爭關係，所以美國環境保護局將甘蔗列為先進的可再生燃料。

事實證明，除了生質乙醇之外，蔗渣還可以生產出許多東西。二〇〇九年，可口可樂開始對巴西的蔗渣產生濃厚的興趣，想用它來製造植物環保瓶，是有史以來第一支以植物作為部分材料且可完全回收的ＰＥＴ寶特瓶。

ＰＥＴ是聚對苯二甲酸乙二醇酯的縮寫，也是大多數飲料產品所採用的塑膠瓶材料，它是由兩種化合物構成：乙二醇和對苯二甲酸。ＰＥＴ普遍被認為是一種安全塑膠，適合作為飲料容器，可口可樂有六成的產品是用ＰＥＴ作為包裝材料。

利用甘蔗製作環保瓶的構想，執行的結果比可口可樂預期的還要成功。專案起飛後，可口可樂設定了一項目標：要在二〇二〇年將所有的ＰＥＴ寶特瓶包裝全部改成植物環保瓶，同時要找出新的可再生生質材料，也就是所謂的**生**

物量給料（biomass feedstock），作為包裝基材。

為了達到這項目標，公司不僅需要一種新型塑膠，還需要一套開放性的模組系統。

公司很快就發現，甘蔗只是這趟旅程的起點。如果能用不同氣候和不同地區的其他在地廢棄物來生產公司所需的包裝材料，那會怎樣呢？玉米收成後留下的秸稈，在美國中西部到處都是；米糠在亞洲非常豐富；樹枝、樹皮和木材廠刨鋸後的木頭廢料，很可能在緬因州和北歐等地成為乙醇的來源；[18] 未來甚至有可能用海藻生產出我們所需的材料。[19]

我們的挑戰是，要找出可永續的在地原料，這些原料不可和糧食作物競爭，而必須是糧食生產後的廢棄副產品。這些原料必須大量存在，才有興建工廠進行加工的經濟價值，而且必須能就近處理，如果還得開卡車長途運送這些原料，就失去原本想造福環境的意義。可口可樂和世界自然基金會（World Wildlife Fund）以及其他八個消費品牌，組成了「生質塑料原料聯盟」（Bioplastic Feedstock Alliance），確保我們鎖定的植物能夠永續生長和收成。[20]

「我們的主力產品都是在地生產，」可口可樂全球植物環保瓶包裝專案計畫負責人維特斯（Scott Vitters）說。[21]「我們並沒有把產品運往全世界。因為是在地生產，所以我們可以改變包裝形態，供在地市場使用。」

例如，印度已經在用甘蔗製造過程中的糖蜜副產品生產乙二醇，這是植物環保瓶所使用的兩種原料之一。也就是說，可口可樂在印度次大陸使用的塑膠瓶，並非在千里之外製造好再迢迢運送過來。

可口可樂的終極目標，是要找出方法取代對苯二甲酸，它在ＰＥＴ的成分裡占了七成，必須找出可大量生產的替代品。雖然科學家已經可以在實驗室裡做到這點，但是距離大規模生產，還有很大的關卡得跨越。公司的長期目標，就是要做出可百分之百全面再生、全面回收的塑膠瓶。我們已經與科技夥伴一起證實了生產這類塑膠瓶的可能性，目前的工作，就是要找出可將商業規模擴大到全球的方法。

及至二〇一四年為止，可口可樂已經在全球三十一個國家配銷了兩百多億支植物環保瓶，估計減少了十九萬ＭＴ（百萬公噸）的二氧化碳排放量——相當於四十萬桶石油。[22]

植物環保瓶包裝一推出，可口可樂就開始接到其他消費性產品公司的電話，積極想要與可口可樂合作。一開始，可口可樂也跟其他擁有專利技術的企業一樣，猶豫是否該把這項知識財產分享出去。畢竟公司也才處於產品建造的初期階段，材料供應也局限於少數幾種植物，例如甘蔗。

不過，在接了十幾二十通電話之後，公司開始從不同的角度思考這個問題。「我們意識到，我們擁有一項創新，我們真心相信那是一項轉型性的創新，而且應該要應用在整個產業上。」維特斯說。

可口可樂開放大門——它知道分享能讓自己更精實。

就策略思考的角度來看，把這項科技分享出去，比把它留給自己更能為公司創造更多的意義。如果有更多企業能用生物量給料取代石油原料來製造產品包裝，對地球的生態當然會更好，除此之外，倘若可口可樂想用最快的速度往前推進，跟一些對的企業合作，肯定能鼓勵更多供應商共襄盛舉。當然，它也可以抵銷一部分的投資風險，並讓速度加快。

所以，當公司接到亨氏食品公司（H. J. Heinz）的電話時，知道自己已經找到最完美的夥伴。我覺得亨氏就是番茄醬界的可口可樂：是那類產品的金字招牌。這兩家老牌企業擁有許多共同的價值觀，而消費者對它們的信任度也都非常高。

當然，人們買番茄醬的頻率不會像零卡可樂那麼高。過去，可口可樂尋找的合作對象，通常都是生產高容量產品的公司，但是在這個案例裡，公司意識到，番茄醬的瓶子能提供可樂瓶無法提供的東西：壽命。一瓶亨氏番茄醬擺在廚房流理台或餐廳裡的時間，比一瓶午餐飲料長多了。人們經常會在番茄醬擺放的地方晃來晃去，等漢堡做好，這時，番茄醬的瓶子就會對那些好奇的眼睛發送它的小訊息：「你猜，這個瓶子裡裝了什麼？」這些瓶子以這種方式展示一年之後，得到的印象數字非常驚人。自二〇一一年起，採用植物環保瓶包裝的亨氏番茄醬，出貨量已經超過二億瓶。

二〇一二年，公司創立一個植物ＰＥＴ科技合作組織，成員包括福特汽車公司、亨氏食品公司、耐吉和寶僑，目的是要共同找出一種方法，製造出完全以植物為原料、可百分之百再生的ＰＥＴ塑料，供所有東西使用，包括衣服、鞋子、汽車面料和包裝。[23]

二〇一三年，在洛杉磯車展上，福特展示了一款極受歡迎的油電混合車

「Ford Fusion Energi」，配備有史以來頭一回採用的布面椅墊和頭枕，這些布料都是用植物環保瓶科技製造出來的。[24]

令人高興的是，這樣的合夥關係對供應鏈產生了催化作用，目前已經有許多企業急著想要興建工廠，來生產植物環保瓶所使用的生物量給料。

這種作法，也就是把植物環保瓶包裝專案設計成開放性的模組系統，讓可口可樂更有能力兌現我們在本章一開始所描繪的願景：用亞洲的柳橙皮、俄羅斯的樹皮，以及內布拉斯加州的玉米秸稈製作的寶特瓶。這一天可能會比我們預期的更早來臨。

經驗學習十二：創造一張模式圖

精實新創做了一件老牌大企業掙扎許久的事。它們從第一天開始，就把焦點集中在商業模式上，並且一邊發展構想，一邊不斷地修正其中的每一個部分。換個方式說，它們在設計商業模式時，是從整體的視野去思考，而不是關在自己的象牙塔裡。

持平而言，新創要做到這點的確容易許多，因為新創通常就只是一個大房間裡的兩三個共同創立者，而不是擁有許多部門、次部門和地區分部的巨型組織。

大多數新創公司都會採用一種工具幫助它們保持精實，這項工具稱為精實畫布（Lean Canvas）。它是以另一個類似的工具為模型，也就是商業模式圖（Business Model Canvas）。這種工具有許多版本，我最喜歡的一個，也是我們所採用的，是由精實新創的大師暨顧問莫里亞（Ash Maurya）所設計。[25]

我喜歡的原因是，你可以在一個頁面裡，把你需要處理的假設和問題全部囊括起來，而且產品和市場都包括在內。它可以簡單抓到商業模式的所有關鍵模塊，輕鬆掌握商業的運作模式。

當然，你不必是新創也能運

<table>
<tr><th colspan="3">產品</th><th colspan="2">市場</th></tr>
<tr><td>問題：
前三大問題</td><td>解決方案：
前三大解決方案
───
關鍵指標：
可供評估的關鍵活動</td><td>獨特價值主張：
一目了然又具說服力的單一訊息，說明你的不同之處和值得關注的原因</td><td>不公平競爭優勢：
無法輕易複製或買到的東西
───
通路：
接觸顧客的途徑</td><td>顧客區隔：
目標顧客</td></tr>
<tr><td colspan="3">成本結構：
獲取顧客成本　物流成本
寄存成本　人事成本
⋮</td><td colspan="2">收益來源：
收益模式　終身價值
收益　毛利</td></tr>
</table>

用這項工具。無論你的公司處於哪個階段，或你在企業裡擔任什麼職務，它都很有價值。這張精實畫布可以讓你一眼抓住整個專案的意義，省下許多發展產品、平台或其他東西的時間和金錢。

精華摘要：想要從整體的角度思考你的設計，就從創造一張模式圖開始。

最後，更精實

簡言之，我們已經看到，創新的構想越多越好，多才是多，大企業知道這點。但是對於大多數的大企業而言，難的部分在於如何落實：如何以開放的態度，將不同的新構想整合到你的供應鏈、產品發展、行銷路線或行銷計畫？

唯一的方法，就是確確實實地把你的系統設計成開放性和模組性兼具。這種作法的好處除了能廣納百川之外，開放性系統還能讓企業變得更精實。而精實的系統不僅成本較低，花費的時間也較少——簡單說，就是用更少的成本得到更多東西。當你利用設計提升靈活，同時讓每個人都進入你的沙盒裡玩，每個人都會是贏家。

結語
下一波

「凡是在極度不確定的條件下打造新產品或新事業的人，都是創業家，無論他或她自己有沒有意識到，也無論工作的單位是政府機關、風險投資公司、非營利組織，或是有財務投資人的營利企業。」

——艾瑞克・萊斯《精實創業》（*The Lean Startup*）

我從小就衝浪。如果你沒衝過浪，但曾經捧著爆米花看過電影《無盡之夏》（*The Endless Summer*）或是《碧海嬌娃》（*Blue Crush*），那你大概就會了解，衝浪無非就是「對的時間站在對的地方」。當然啦，你要會游泳，要有衝浪板，要稍微知道潮汐的運作。但真正的技巧，就是要有本事望向海平面，看出海浪正在打造哪些組合或模式，然後選好自己的位置，以最棒的方式運用海浪的衝力。

> 衝浪和創業有許多共同點，兩者都是不斷尋找下一波大浪。

當你正打算開一家公司，或努力想讓公司保持成長時，能否看出浪潮的模式並善加利用，就是成敗的關鍵。

我認為，下一波創新與創業的浪潮正在醞釀，你可以從海平面上看到它。然而，如果想要乘浪而起，不管是個人或企業，我們都必須站對位置。在結束這本書之前，讓我展望一下未來——一個人人都可創業和設計的未來。

抓住下一波

先前我提過自己創業的經驗，當我和創業夥伴打算在一九九七年把構想擴大成公司時，我學到一些教訓。

離開「Process 1234」後，我到原型工作室（Studio Archetype）任職，沒多久，沙賓特諮詢公司（Sapient）就把工作室買下。事實證明，沙賓特正在做的事，就是我當初在「Process 1234」想做的，只是規模大很多。一九九八年，我和太太搬到紐約市，也就是東岸達康熱潮的震央，那裡的一切都進行得飛快。

老牌大企業想要快速發展電子商務。那個時期，凡是在名字前面加上「電子」，後面加上「達康」的任何老牌企業，股價馬上就可翻個幾倍，所以每家公司都躍躍欲試。

另外還有一整票以網際網路為基礎的新公司，如雨後春筍般冒出頭來。這些公司現在都以飛速成長、飛速破滅聞名。它們的商業模式是建立在奇幻小說的基礎上（大多數時間都是坐在Aeron專業電腦椅上，大談「眼球在哪裡，錢就在哪裡」的時代），而當時異常寬鬆的市場也助了一臂之力，吹出一顆巨大的經濟泡泡，等著在二〇〇〇年底到二〇〇一年初破滅。

「boo.com」是當年垮得最慘的達康公司之一。該公司是最早將商業模式完全建立在電子商務上的先鋒，在網路上販售時尚大潮牌。它們還沒有任何產品上市，就在十八個月內砸下一億三千五百萬美元的創業資金，後來變成達康泡沫的代表人物。我還記得曾經收過來自「boo.com」其中一名創立者大量轉發的郵件：「如果我們無法在午夜前募集到兩千萬美元，boo.com就要掛了。」一九九九年秋天成立的這家公司，二〇〇〇年五月中旬就宣告破產。

到了二〇〇一年，燈光已開始黯淡。該年拍攝的紀錄片《天才網路夢》（*Startup.com*），完美捕捉到那個時代的瘋狂和扭曲。二〇〇二年，達康和電子商務的時代壽終正寢。

然後，某件事情發生了。我們先前提過，差不多就在同一時期，布蘭克開始在加州大學柏克萊分校教授創業新方法。他和多夫（Bob Dorf）共同撰寫了第一本書《四步創業法》，捕捉到一種新的走向。他們不主張一開始就投下大筆資金開大公司，而提倡新的創業法。我們先前提過，他們將新創界定為一種「暫時性的組織，目的是要尋找出一種可重複的商業模式」。

他們的方法強調將顧客發展與敏捷的產品發展混搭在一起，並且從第一天就把焦點集中在商業模式上。萊斯在《精實創業》一書中，繼續對這種作法提出修正和改進。這套方法很快就成為世界各地創業家打造新創事業的藍圖。[1]

第一波是如何從達康前進到新創。

接著，讓我們往前快轉十年，來到今天。我們已經走了很長一條路。創業者不再是車庫裡的怪胎，躲在螢光幕後。祖克柏（Mark Zuckerburg）、多西

（Jack Dorsey）和馬斯克（Elon Musk）都是世界級名流。「TechStars」原本是科羅拉多州波德市（Boulder）的一家新創公司，現在擁有自己的實境電視節目。此外，《新創躍起》（*StartUPs*）、《新創迷》（*Startup Junkies*）、《新創園地》（*Startupland*）、《龍穴》（*Dragon's Den*）和《創智贏家》（*Shark Tank*）等節目，也都把打造事業的觀念轉變成吸引人的娛樂節目，讓人人都可做起創業夢。新創已是今日主流。

表面看起來，這似乎有點膚淺，但是對所有人來說，這確實是個好消息。有史以來，創業從沒如此簡單過。現成的新工具，讓創業過程比起以往任何時候都更輕鬆。

「百人創業週末」是西雅圖的一個非營利組織，在一百多國設有分部，協助創業者學習如何將構想變成新創。如果你不知道該如何著手，只要花四十小時和一百美元就可學會，而且幾乎世界各大城市都有。

你甚至也不必親自去參加「百人創業週末」，你可以免費下載應用程式和書籍，內容含括一切，從怎麼分析和製作商業模式圖，到怎麼弄出一場漂亮的上市宣傳。當然，世界各地還有幾千個組織，可以幫助你和在地的新創社群建立關係。

除此之外，你也不必在爸媽的地下室工作，去星巴克開會，甚至不須租辦公室。從紐約到奈洛比到尼泊爾，都有非常多的共用工作空間，可以租用書桌和會議室。創業所需的一切在那裡都有。

你也不需要有錢的叔叔或創投資本家來資助你。許多大企業和大學都有孵化器和加速器專案，協助你尋找資金並提供所需的指導。或者，你也可以在Kickstarter之類的群眾集資網站上宣傳你的構想。

這些新工具、新社群和取得資本的新途徑，都對今日的全球新創生態系有所助益。這就是第二波——我們過去十年正在衝的那一波。

第二波是打造全球新創生態系。

這套生態系目前正在運轉中。事實上，根據估計，單是美國一地，每個月新成立的事業就超過五十萬家——有一千一百多萬人兼差做新創，或是辭掉全職工作，投入臉書之類的高成長新創事業。[2]

這波浪潮不僅和私部門有關，政府和非營利組織也是新創生態系的一部分。紐約市想要成為新創城市，科羅拉多州希望變身為新創州，打造一個類似矽谷的創新生態系，但是規模更龐大，這項願景目前似乎正在成形。二〇一三的一份研究指出，在科羅拉多州，每七十二小時就有一家新創公司成立。[3]

是這樣嗎？我們已經達到目標了嗎？難道這一切就只是和成立新創公司有關？你可能會認為，靠著這些工具和欣欣向榮的全球生態系，將來會有更多的Evernote、Dropbox和WhatsApp，「十億美元新創俱樂部」恐怕會人滿為患。但事實並非如此，將新創公司打造成十億美元的企業，對大多數人而言依然是一場夢。我們先前就曾提過那個嚴苛的數字：依然有九成的新創公司是以失敗收場。[4]

為什麼？罪魁禍首就是：**規模**。

今日，創業之容易，前所未有；但擴大事業規模之困難，也是前所未有。

我們討論過，世界變得越來越複雜。這樣的發展，為擴大規模帶來許多摩擦和障礙。

反諷的是，最懂得擴大規模的老牌大企業，卻不懂得如何**開創**。為什麼？因為開創和擴大規模，是截然不同的兩回事：靈活不是規模的相反，靈活有它不同的目的和不同的程序，也會帶來不同的結果。

我曾受邀前往澳洲談論新創社群，地點在雪梨的一個共用工作空間「Fishburners」，那裡的場地相當寬敞，足以舉辦這類活動，同時可以把對談內容傳送到全國。我發表了一場ＴＥＤ式十八分鐘快速演講，然後回答一大堆問題。我還記得我點開一張投影片，內容是著手創業和擴大規模之間的對比，房間突然亮了起來，一堆人都在拍照。這顯然是個熱門議題。

雖然強調精實創業的相關訊息非常多，但令人驚訝的是，幾乎沒有什麼工具和資訊，可以教人如何跨越創業與擴大規模之間的鴻溝。

這兩者的差別在於：

- 創業完全和**靈活**有關。創業是在發展資產（你的ＩＰ、你的產品、你的品牌、你的顧客關係）。
- 擴大規模則是關於如何善用你的資產，**用最小的力量讓它們發揮最大的價值**。
- 創業需要許許多多的**探索和快速修正**，才能找到你的商業模式。
- 擴大規模則是要將**商業模式標準化和精確執行**，這樣才能得到網絡效應的好處。

- 創業是**隨時做好軸轉的準備**，一旦事情無法進行，整個團隊馬上就能重新思考每一件事。
- 擴大規模則是和**計畫**有關，發展計畫中的核心競爭力才是關鍵。
- 最後，創業必須**保持精實**：飛速前進，同時用最少的資源做最重要的事。由於所有新創事業一開始的資源都非常有限，所以這樣的作法幾乎是直覺反應。但是大企業就得要有大思考——它們想的是好幾百萬元、好幾年和好幾個部門，而不是幾百元、幾星期和幾個人。

那麼，要怎麼做才能更輕鬆地從新創跨到擴大規模，或是從擴大規模跨到新創？

如果我們能幫助創業者更有條理地擴大規模，那會怎樣？想想看，如果我能讓多一成的新創公司成功擴大規模，或者更棒的是，如果我們能把九成的失敗率砍掉一半，如果真能這樣，情況會如何？

在大企業，如果我們能幫助更多經理人避開「柯達一刻」，而且不限於美國，還包括**世界各地**，想想看，這樣會對我們的經濟造成怎樣的衝擊？

下一波是壯大。

二〇一三年，「百人創業週末」的共同創立者諾里格特（Franck Nouyrigat）在富比士達康（Forbes.com）上寫了一篇重要貼文，介紹「壯大」（scale-up）這個概念。他將壯大定義為：「事業追求它的規模最大值。」[5] 他表示，我們應該秉持過去關注新創的精神，把更多焦點集中在如何壯大上。我同意。

我認為，我們已約略可以看到，當新創和大企業，特別是跨國大企業混搭之後，可以創造出怎樣的新型企業。我指的不是大企業資助新創或提供指導，我指的是，新創和大企業雙方都了解自己能拿出什麼東西，並真正進行協同設計，創造出其他方法都無法創造出來的新事物。

如果大企業開放它們的資產，包括它們的品牌、關係和物流管道，然後與創業者合夥，讓它們以嶄新的方式賺錢，那麼情況會如何？這可能會在新創的生態系下開啟全新層次的多樣性和經濟活動。想想看，會有更多的婦女、更多的年長者、更多的小孩、更多的產業和更多的開發中國家，都能從新的合作和合夥關係中獲益。

實作文化

這種思考開始對創業者的傳統定義構成挑戰。創業不外乎**實作**（doing），當每個人都說某樣事情做不到時，創業者就會找出辦法把它做到。他們打造團隊，他們尋找資金，他們搞定交易。

我認為，你不必真的開一家自己的公司，才能稱為創業者。我們每天都在展開新事務：新專案、新計畫、新團隊、新慣例。我們都希望這些事務能夠成功，能夠擴大規模，能夠達到最棒的成績。因此，就算你永遠不曾創業，你至少可以採取創業者的思維和行動模式，不管你做的內容是什麼。

我認為，當人們說想要打造創新文化時，指的就是這個意思。通常，當企業說內部需要更強大的創新文化時，表示企業的考核者太多，但實作者不夠，太強調管理而忽略實作。

想想看，如果你的企業、你的組織或你的社群能創造出實作文化。現在再試想，如果我們能在所有地方都創造出這種文化。如果我們能讓人們──任何人、每個人──有權力和能力做更多事，我們就能創造出更多的工作、更健全的經濟、更多的機會，以及更豐富的多樣性，甚至能讓世界更幸福安康。

設計角色的劇變

還記得在本書一開始，我們討論過人們對設計抱持許多錯誤的觀念，包括設計是什麼？誰擁有設計？設計的目的是要讓東西看起來更漂亮，還是為了改變世界？

十年過後，今天回頭看時，我很驚訝大家對於設計功能的看法，竟然有了如此劇烈的改變。人們不再認為設計是一種天賦，只有少數菁英專家才能掌握，而是把設計當成一種民主開放的技巧，每個人都能自行運用設計的力量。

幾年前，我在南非的一次經驗，最能清楚說明這種激烈的角色轉換。

關於設計的大思考

時間是二〇一一年二月，地點在開普敦，荷蘭設計師巴斯（Maarten Baas）正在南非設計大展（Design Indaba）上對著一千多人談論他的火燒椅。這位年輕的荷蘭設計師，是大會最受歡迎的演講者之一，他正興高采烈地描述他如何設計他的「煙燻」（Smoke）系列椅，他挑了一些設計大師的經典家具，包括瑞特威爾德（Reitveld）、伊姆斯（Eames）和高第（Gaudi）等人的仿作，把它們燒成焦炭狀，然後塗上清漆，避免碎裂。來自世界各地的收藏家以數千美元的價格收藏他的煙燻作品。

巴斯講了大約二十分鐘後，決定改變方式。他說，他花了一整個晚上的時間，思考該怎麼把他的想法說出來。觀眾們鴉雀無聲，各自在心中揣測，到底是什麼原因，讓這位年輕的設計明星如此困擾。我們全都傾身向前，想聽聽他如何釋放內心的想法。

他終於穩住心情，開始激烈地攻擊大企業把設計當成一種獲利的手段。

他認為設計應該掙脫商業的束縛，應該保留給經過挑選的少數人，那些真正懂得設計的人。

從耐吉到蘋果，每個都被他點名挖苦，他呼籲觀眾應該支持更純粹的設計走向，把獲利和價值等顧慮全部去除，並熱情鼓勵大家加入他的行列，追求設計的更高目的。

在這場據說是全球規模最大也最國際化的設計會議上，觀眾屏息聆聽，並在巴斯下台時給予熱烈掌聲。推特上也開始火熱討論。

我被搞糊塗了：「難道他的意思是，價值四千美元的煙燻椅是『好』設計，至於那些很多人喜歡而且買得起的東西，則是『壞』設計？」

當我從機場搭車經過卡雅利沙（Khayelitsha）這座全球最大的巨型貧民窟時，我忍不住這麼想。住在這裡的大多數人，每天的生活費不到兩美元，他們為了找工作，為了孩子的教育和家人的食物煩惱焦慮。我敢保證，他們沒花什麼時間去思考昂貴的椅子。我坐在車上想著：「設計真的就是這樣嗎？照巴斯的說法，設計似乎**微不足道**。」

我的演講排在巴斯前面，談論的內容是可口可樂的設計走向。我的焦點主要放在：我們如何努力讓每個人都能輕鬆變成更好的設計師，無論他的頭銜是什麼。跟把椅子碳化比起來，這個題目一點也不性感。我得到禮貌性的掌聲。

巴斯的演講一結束，我就衝去搭機，飛往倫敦。在開普敦機場，我檢查了一下推特，想看看那場會議進展得如何。我得到的評論不太好。有個推友說我是那場會議裡的瑪莎・史都華（Martha Stewart），這顯然是個貶低的用語，因為她是去年最不受歡迎的演講者。有位作者報導，午餐時間的普遍共識是，我的表現太過商業化，令人失望。另一個人覺得有必要替我說句公道話，雖然我的演講內容沒太多興奮點，但也不至於招致這樣的惡評。

我本來就該預期會有這類評語。酷車、性感美鞋、瘋狂建築、異國情調的椅子。這些才是大多數人想到設計時，腦海裡會浮現的東西。

這有什麼不對呢？我們大多數人就是這樣看待設計，因為流行文化就是提供這些東西給我們。昂貴的大開本精裝書加上漂亮的照片，實境節目也大肆介紹居家裝潢、豪宅偷窺，或是年輕受挫的時尚達人。搖滾明星設計師創造一些看不懂的深奧東西，不但得了獎，還進駐博物館。購物商場裡也充斥著所謂的設計師產品。

設計和設計師這兩個詞，已經變成酷炫、菁英、奢華、性感的同義詞，大多數人買不起，大多保留給有錢人。

但是未來的情況會大不相同。設計的整個模式正在改變，變得更開放、更透明、更可親。我相信未來的設計，不再只是少數專業菁英可擁有的珍品，設計將會有更多分享、更多機會、更多工作、更多人人共享的價值。設計將從菁英式的小「d」設計，變成更宏大、更寬廣的東西。

我不是麥克魯漢，但我認為設計將比以往來得更重要。我指的不是設計這門**產業**——設計公司、設計教育、設計出版——或愛穿黑T恤的那群人，而是和我們**如何**做設計有關。

當我們展望不久的未來，我們會看到一個比以往民主許多的設計。例如，在邁向Web 3.0，也就是物聯網（The Internet of Things）的過程中，每個人都需要運用系統思考，才能為周遭的世界生產意義。根據估算，在今天這個世界裡，大約有一百億個物件是彼此相連的：電話、電視、汽車、住家、工廠、應用設施、商店等等。到了二〇二〇年，這個數字預期將增加三倍，超過三百億，全都透過網際網路彼此連結。你知道這有多**複雜**嗎？我們不可能依賴一小群所謂的設計師，來幫助我們了解所有這些個別物件之間的交互關係。每個人都要具備這類技術。

此外，隨著3D列印的價格越來越便宜，而印刷的品質和方便性越來越高，許多人預測，物品的長尾效應（long tail of things）將會有爆炸性成長。想像一下，小學五年級學生上數位製造課的模樣。今天，3D列印還是宅男怪胎的專屬語言和領域，但它很快就會變成主流。這情況就跟Photoshop一樣，當這類桌機型印刷設計工具，從平面設計工作室和學校普及開來之後，每個人都有意願去學習這種新技術，未來的3D印刷新工具也會如此，它們將改變整個遊戲規則。蘋果不再是唯一一家喊出「加州設計、中國組裝」的企業，基本上，以後的任何一家公司都有本事做到這點——把產品製造交給最適合的地區去負責。

說到中國，它將不斷崛起，直到成為全世界屬一屬二的經濟體。大多數經濟學家都認為，巴西和印度也不會落後太遠。想想看，當這些趨勢全都在二〇二〇年匯聚一堂之後，世界會是何種光景。設計將變得比以往更加重要，但前提是，我們必須開始從更恢弘的角度去思考它。

我很愛安德森（Chris Anderson）《創客》（*Maker*）裡的這句話：「現在我們全是設計師。該是精通設計的時候了。」

設計師莫（Bruce Mau）在《巨變》（*Massive Change*）中指出：「這本書要談的不是設計的世界，而是世界的設計。」當世界變得日益複雜時，我們全都有機會利用設計讓我們的世界——我們的家庭、我們的社區、我們的企業、我們的城市、我們的國家——變得更美好、更靈活、更能隨機應變，只要我們能夠鎖定目標做設計。

深水區（推薦書單）

常有人請我推薦書籍。行銷人員請我推薦設計書，工程師請我推薦品牌和行銷書，設計師希望我推薦商業書，創業者想要了解系統書，老牌大企業的經理人想要創新和創業書，還有很多人希望學習如何創造改變，並當個更好的領導者。

我發現，我的很多知識都是從自己的研究中累積下來的——潛入某個主題的深水區裡，然後遍讀手邊可以拿到的一切資料。以下是我經常推薦給別人閱讀的一些書單。

系統類

- 《系統和模式》（暫譯）Bossel, Hartmut. *Systems and Models: Complexity, Dynamics, Evolution, Sustainability*. Books on Demand, 2007

這本書只適合系統宅閱讀。如果你真的想深入複雜的系統世界，這本書可以提供你需要的所有細節。

- **《巨變》**（暫譯）Mau, Bruce. *Massive Change*. Phaidon Press, 2004
  我愛這本書的第一句話：「對我們大多數人而言，設計是看不見的。除非是失敗的設計。」這本書涵蓋許多重要的發明、科技和事件，時間範圍從西元前一萬年直到現在。

- **《系統思考》**（暫譯）Meadows, Donella H. *Thinking in Systems*. Chelsea Green Publishing Company, 2008
  我認為這是有關系統思考最棒的一本書。

- **《論複雜性》**（暫譯）Morin, Edgar. *On Complexity*. Hampton Press, 2008
  如果說《系統和模式》是給系統宅讀的，這本書就是給複雜性書呆子念的。

- **《第五項修練》**Senge, Peter. *The Fifth Discipline: The Art and Practice of the*

Learning Organization. Doubleday, 1990.（中文版：天下文化出版）

這本書點燃了我對系統和系統思考的熱情。

設計類

- **《建築的永恆之道》**（暫譯）Alexander, Christopher. *A Timeless Way of Building*. Oxford University Press, 1979

  經典教科書，大多數大學的設計課程都會使用。

- **《設計管理》**（暫譯）Best, Kathryn. *Design Management: Managing Design Strategy, Process and Implementation*. Fairchild Books AVA, 2006

  如果你正在大企業裡成立設計團隊，這本書可以幫你節省許多時間。

- **《設計的法則》**Lidwell, William, et al. *Universal Principles of Design*. Rockport Publishers, 2010.（中文版：原點出版）

  如果你一輩子只打算讀一本「設計書」，那就是這本。

- 《**從搖籃到搖籃**》McDonough, William. *Cradle to Cradle: Remaking the Way We Make Things.* North Point Press, 2010.（中文版：野人出版）
  紙或塑膠？兩者皆非。這本書裡提到的構想，塑造了大多數人對永續設計的思考。

創新類

- 《**創新的兩難**》Christensen, Clayton M. *The Innovator's Dilemma: The Revolutionary Book That Will Change the Way You Do Business.* HarperBusiness, 2011.（中文版：商周出版）
  如果你在老牌大企業工作，這本書必讀。它的核心原則是：光把事情做對還不夠。

- 《**富足**》Diamandis, Peter H. *Abundance: The Future Is Better Than You Think.* Free Press, 2012.（中文版：商周出版）
  棘手問題加上樂觀主義的混搭。

- **《媒體即訊息》**McLuhan, Marshall. *The Medium Is the Message: An Inventory of Effects*. Gingko Press, 2005.（中文版：積木文化）
  這本書我讀了無數次，次數多到數不清。麥克魯漢就是發明「地球村」（前網際網路時代）一詞的人。

- **《拼湊式創新》**（暫譯）Radjou, Navi, et al. *Jugaad Innovation*. Jossey-Bass, 2012
  如果你的創新脈絡主要是以美國為基地，你可以用這本書來擴大視野。這本書將「精實創新」帶到一個全新層次。

創業類

- **《商業模式創新》**（暫譯）Afuah, Allan. *Business Model Innovation: Concepts, Analysis, and Cases*. Routledge, 2014.
  如果你在尋找一本（新舊）商業模式大全，這本就是。

- **《四步創業法》**（暫譯）Blank, Steve. *The Four Steps to the Epiphany*. K&S Ranch, 2013.
  布蘭克是開啟整個新創運動的奠基者。在你辭掉正職之前，先讀讀這本書。

- **《精實分析》**（暫譯）Croll, Alistair. *Lean Analytics: Use Data to Build a Better Startup Faster*. O'Reilly Media, 2013.
  為你剛萌芽的事業決定關鍵指標的必備指南。

- **《精實創業》** Ries, Eric. *The Lean Startup: How Today's Entrepreneurs Use Continuous Innovation to Create Radically Successful Businesses*. Crown Business, 2011.（中文版：行人出版）
  如果你在大企業工作，並想找出方法打造創新文化，這本書可以提供許多有用的建議，告訴你如何進行。

品牌類

- 《**打造強大品牌**》（暫譯）Aaker, David A. *Building Strong Brands.* Free Press, 2011.

  如果你對打造品牌一無所知，這將是你讀過最棒的一本書；如果你對打造品牌已經知道很多了，這也會是你讀過最棒的一本書。

- 《**從Brand到Icon文化品牌行銷學**》Holt, Douglas. *How Brands Become Icons.* Harvard Business Review Press, 2004.（中文版：臉譜出版）

  每個人都很好奇，究竟是什麼原因讓有些品牌成功，有些品牌失敗？

- 《**英雄與不法分子**》（暫譯）Mark, Margaret, and Carol Pearson. *The Hero and the Outlaw.* McGraw-Hill, 2011.

  這本書可以在左腦思考者與右腦思考者之間搭起品牌思考的橋梁。

領導類

- **《從A到A⁺》** Collins, Jim. *Good to Great: Why some Companies Make the Leap...and Others Don't.* HarperBusiness, 2011.（中文版：遠流出版）哪些事情造成A和A⁺的差別？作者拿出各種數據揭露其中的差異。
- **《改變，好容易》** Heath, Chip, and Dan Heath. *Switch: How to Change Things When Change Is Hard.* Crown Business, 2010.（中文版：大塊文化）這兩位作者寫的書全都值得一讀，但如果有人要求你領導某項大事務時，這本書一定要讀。
- **《永續資本主義》**（暫譯）Ikerd, John. *Sustainable Capitalism: A Matter of Common Sense.* Kumarian Press, August 2005. 我是在聯合國內部的書店裡買到這本書。讓我們期盼未來的資本主義真能如此。
- **《80／20法則》** Koch, Richard. *The 80/20 Principle: The Secret of Achieving More with Less.* Crown Business, 1998.（中文版：大塊文化）

可以套用在生涯規畫和人際關係上的人生法則，可以讓你的時間得到最佳運用。

- **《發射大毛球》**（暫譯）MacKenzie, Gordon. *Orbiting the Giant Hairball: A Corporate Fool's Guide to Surviving with Grace.* Viking Adult, 1998.
如果你不是在大組織工作，這本書就不用讀；如果你是的話，你就會一讀再讀，從中得到啟發。

- **《驅動力》**（暫譯）Pink, Daniel. *Drive.* Multnomah Books, 2012.
如果你將要領導一個千禧世代團隊，你會想用這本書迅速掌握一切。

- **《異象方程式》**Stanley, Andy. *Visioneering.* Zondervan, 2009.（中文版：中國主日學協會）
這本書一小時就可讀完。簡短有力。

鎖定目標做設計宣言

二〇〇九年，《高速企業》雜誌在一年一度的十月設計專刊中，提到我加入可口可樂後不久，寫了這篇白皮書。我當初定的標題是：「打造品牌，靠設計」（Building Brands, by Design），不過公司內部很快就把它稱為「鎖定目標做設計」宣言。在那之後，有很多人問我是否可以分享那份文件。它已經收入可口可樂公司的檔案室，從來沒在公司以外的地方出版過，我也不曾在朋友間傳閱。以下就是它的全文。

打造品牌，靠設計

大衛・巴特勒，二〇〇四年七月十四日

一般而言，當我們提到打造品牌時，通常會把大部分的注意力放在三十秒的電視廣告上。但是我們透過網站、銷售點、販賣、推銷和包裝等途徑打造品牌的那些秒、那些分和哪些小時呢？如果我們能對設計更加關注，我們不僅能利用這些機會來販售產品，還能藉此擾亂、激發和打造消費者對我們品牌的熱愛。蘋果這樣做，耐吉這樣做，星巴克也這樣做，難道我們的能力比不上它們？並非如此，只是我們沒有把設計當成一種策略優勢，徹底發揮它的力量。

「設計」一詞指的是什麼？

當設計一詞和我們的業務相關時，它指的是各種「設計」能力的集合：平面設計（視覺識別和印刷）、包裝設計（標籤和表格）、工業設計（車輛、機械）、環境設計（看板、車輛和品牌空間）、時尚設計（織品和服裝）、互動設計（網站和數位介面設計），以及內部設計（材料和內裝）。

我們是全球最大的設計公司之一

在可口可樂，我們天天做設計。這是《美國偶像》（*American Idol*）節目裡的沙發、這是「可口可樂世界」（World of Coke）的新建築、這是「mycoke.com」的外觀和感覺、這是奧運聖火接力隊穿的T恤。光是日本就有一百多萬台自動販賣機，到處都是可口可樂的遮陽傘。這是替我們全國運動汽車競賽協會（NASCAR）參賽團隊設計的汽車和制服、這是在布魯塞爾迪斯可舉行的夜生活激活影片、這是我們亞特蘭大保全穿的制服、這是由時尚設計師威廉森（Matthew Williamson）在倫敦設計的限量瓶、這是印尼的手繪看板。

設計可以讓策略視覺化

把設計當成策略優勢的企業，可以創造出人們非要不可的東西。有幾個故事是和幾年前可口可樂在西班牙的招募策略有關。那裡的青少年真的會去偷我們的銷售點材料，他們就是**非要不可**。上一次我們碰到這個問題是什麼時候——任何市場都有嗎？

設計可以成為差異因子

我們和其他許多企業一樣，花了好幾百萬美元在設計上，可是都把設計當成裝飾，幾乎是一種事後添加物。但這並非唯一作法，我們可以在制定策略之初就開始運用設計的力量，把它當成一種策略優勢。

設計可以連結

對於我們的品牌激活專案、授權、運動和娛樂專案以及促銷活動而言，設計都扮演了核心角色。如果能把這些工具連結在一起，創造出強而有力的品牌體驗，我們就能發揮更廣泛的影響力。機會無比龐大，既然我們已經投下資本，為什麼不讓它們更有策略性？

我們可以把設計當成策略優勢，但目前我們並未如此做

許多時候，我們運用設計的方式，根本是在割裂我們的品牌形象、稀釋我們的品牌區隔、創造系統惰性，以及混淆市場認知。我們並沒有把設計當成一種策略優勢。但其實我們做得到，只要我們多關注這個問題。

我們需要鎖定目標做設計

鎖定目標做設計指的是，設計是**策略性的**，與策略有清楚的連結；是**可擴大規模的**，可彈性跨越不同的市場和媒體；以及**具啟發性的**，可利用設計創造

關聯性，並引領文化發展。

麥當勞利用設計將商業策略視覺化

麥當勞利用非常清晰一貫的視覺識別系統「I'm lovin' it」（我就是喜歡），將整體的商業策略視覺化。不管是廣告、店內激活、促銷和全球贊助活動，麥當勞都運用設計手法打造統一的組織形象、區隔出自己的競爭優勢，同時建立消費者對品牌的新熱愛。

ＩＢＭ利用設計將焦點集中在自己的商業策略上

「當葛斯納（Lou Gerstner）接掌ＩＢＭ時，我們替他做了一場視覺審計簡報，讓他看到ＩＢＭ在客戶眼中的『集體』形象。這場審計的內容包括：我們如何透過logo、廣告、名稱、產品設計、展覽和出版品等等，在市場上將ＩＢＭ的形象呈現出來，重點擺在積極性的集體形象。我們發現，由於設計決策都是從事務性的角度考量，為了執行而執行，結果就是讓ＩＢＭ的品牌呈現非常破碎。客戶告訴我們，這種破碎化的視覺呈現等於在昭告大家：ＩＢＭ的運作並不統整。這個ＩＢＭ小組並無法和另一個ＩＢＭ小組攜手合作。

「葛斯納一聽就懂，而且知道ＩＢＭ上上下下都有同樣的運作問題。於是他做了一次策略性的大調整，強調要重建一個強大、統整而且單一的ＩＢＭ品牌，將ＩＢＭ的集體力量發揮到最極致。在這項振興計畫中，設計扮演了重要角色，讓我們把焦點集中在ＩＢＭ的所有視覺體驗上。」[1]

——ＩＢＭ識別與設計總監，李・葛林（Lee Geen）

蘋果把設計當成競爭力的差異元素

蘋果是一個設計經典。它替世人立下標竿，示範什麼叫作「把設計當成競爭優勢」。所有細節都是關鍵。蘋果有系統地把每一樣東西都連結到公司的成長策略上，藉此打造出人們非要不可的產品。

耐吉利用設計建立聲譽

耐吉不做鞋子，它創造人們想穿的雕刻品。它不打造零售空間，它打造產品體驗。從網站的資訊娛樂系統到耐吉專賣店（Niketown）的門把，耐吉認真地善用每個機會鎖定目標做設計。耐吉設計精良的名聲享譽世界，創造出大量的品牌忠誠者，以及巨人般的品牌形象。

福斯汽車利用設計打造文化

福斯汽車利用設計打造世界級的文化（二〇〇三年，在富比士百大最佳職場中排名第十三）。福斯利用設計讓決策過程更加順暢透明，也利用設計打造出以員工為中心的工作環境，創造更高的工作滿意度，以及對品牌的熱愛。這還只是員工的部分。從vw.com網站到展示中心，從看板到制服設計，福斯也不斷利用設計打造宛如宗教信仰般的顧客文化。

鎖定目標做設計可以做的五件事：

一、將我們設計的每樣東西連結到品牌上

蘋果保持一貫品質和領導地位的方法之一，就是擁有一個清楚的構想，然後用它所設計的每樣東西來支撐這個構想。蘋果＝不同凡「想」；耐吉＝個人培力（empowerment）；ＢＭＷ＝終極駕駛機器。我們必須為旗下的每個品牌重新釐清各自的品牌構想和使命，用白話文陳述出來，然後以這個構想驅動我們的設計過程（包括我們的設計大綱、概念和執行）。

二、為品牌界定出清楚的視覺識別系統，並利用這套系統將所有的傳達工具連結起來

每件事情都和傳達有關。我們太常在提出某個產品或促銷概念後，就立刻跳到原型設計的微調階段，然後進行測試。一旦概念或原型經過測試，又會立刻在所有銷售點啟動這些原型設計。然而，我們其實有更多機會可以利用設計，為我們的品牌創造區隔和打造意義。為了創造出最大的影響和規模，我們應該在擬定策略的階段，就把我們的視覺識別系統界定清楚，然後利用這套系統將所有的傳達工具連結起來，打造整體的品牌經驗。

三、打造設計管理工具和指導原則，確保整個系統都能維持在高品質狀態

我們需要打造一些工具，讓我們可以輕鬆做出對的設計決定，並避免做出錯誤的決策，這樣整個系統就能保持在清楚的狀態。我們應該制定標準，讓圖標的用法、對廣告商的管理以及設計流程，不會出現亂猜和不一致的情形。

四、利用設計在激活專案、授權和促銷活動（包括在地性和全球性）之間，營造更高的一致性

如果用更全面的方式思考設計，就能得到更大的效益，並創造更多影響力。好消息是，我們有時的確是相當有策略地運用設計；壞消息是，這種情形往往是碰運氣的，而且幾乎不曾和其他事務產生連結。我們可以替每個品牌（全球與分區層級）培養一名設計管理人，負責將品牌的激活、授權、財產、促銷、設備管理等等，全都連結在一起，確保我們能以策略性的手法，讓所有設計機會發揮最大的效益。

五、將我們現有的地區性設計團隊與企業連結起來，讓設計更加一氣呵成

如果我們將設計團隊串連在一起，打造一個設計網絡，我們就能更有效、更一致地讓我們的代理商、資產和知識發揮最大功效。

機會很大，機會就是現在

把設計當成策略優勢是一種機會，或是責任？我們可以也應該成為其他企業的典範，讓它們把我們奉為偉大設計的標竿。我們必須鎖定目標做設計。

這篇白皮書並不完美。事後回顧，確實很天真。自從寫了這篇文章後，我對可口可樂的了解已經多了許多。現在我比以前更清楚，要做到我當初力推的那些事情，到底有多困難。還有，我希望我可以說，你要做的就是這些——一則三頁長的故事和一個聳動的標題。不過，事實上剛好相反，要創造系統性的轉變，你必須不斷不斷地細細切鑿——你必須不斷把設計連結到對企業重要的事物上，你必須不斷激勵大象和騎大象的人。

不過，你還是得從某個地方開始。我們的起點是，把焦點擺在可樂和破碎的品牌識別上。今日回顧，「鎖定目標做設計」這五大策略，確實給了我們焦點，也就是「為什麼」，但我們還需要方法，需要「怎麼做」。我們需要讓每個人都能輕鬆做好對的事，並且很難做出錯的事。十年後的今天，我們已經有了長足的進展，但我們還在繼續學習。

我們今日所處的世界，即便跟十年前相比，也已變得無限複雜，風險比以往任何時候都來得高。不過，如果我們能把本書所提的原則牢記在心，也就是我們必須利用設計擴大規模和提升靈活，而且要推行到整個組織，我們就有機會在下一個一百年慶祝我們依然是消費者熱愛的品牌，而且和他們的生活息息相關。我希望同樣的成功也屬於你。

致謝

這本書是一趟旅程。對很多人而言，這是一種比喻性的說法，但對我們卻是名副其實。我們是在南非的旅館、特拉維夫的海灘、雪梨的計程車、邦加羅爾的咖啡館，以及伊斯坦堡的博斯普魯斯海峽旁邊，寫下這本書。我們製作原型、我們修正、我們軸轉。我們就跟那些帶著好點子一起在車庫裡做研究的人一樣，使出所有的招數和把戲，只不過我們的車庫附有常客飛行里程。

我們這趟冒險最大的回報之一，就是可以和可口可樂內部一群超棒的人合作，捕捉到書中每個案例的幕後故事。有太多人為這本書提供構想，不可能在此一一將人名列出。我們只能說，謝謝每一位幫助此書夢想成真的人。希望你們也會覺得這就是「你們的」故事，一如我們覺得它是我們的故事。

在此必須特別感謝德逸區（Ben Deutsch）和歐文（Campbell Irving），感謝他們堅定的信心、耐心和支持，也謝謝他們協助我們寫完最後一行。

我們也要特別向《高速企業》總編輯薩費安（Robert Safian）致敬，感謝他的賞識，邀請我們在二〇〇九年寫下有關可口可樂的第一則故事，並慷慨提供我們時間和支持，把它變成一本書。

我們也很感謝Simon & Schuster出版社的天才團隊，他們每一位都是爐火純青的專業人員，也是很棒的合作對象。魯斯（Emily Loose）、薛本（Michael Szczerban）和谷川簡直是英雄，因為我們這份手稿的軸轉次數，比開發社交應用程式的新創公司還誇張，他們居然有辦法把它整理得有模有樣，真是一項壯舉。

另外，也要特別謝謝列文（James Levine）以及認真敬業的列文葛林柏格羅斯坦著作權代理公司（Levine Greenberg Rostan Literary Agency）。他們打從一開始就對這個構想充滿信心，一路伴隨我們，苦樂與共。少了他們，我們無法完成這項任務。

這本書能夠問世，貝可維茲（Ross Berkowitz）、柏林（Suzanne Berlin）和史都華（Ann Stewart）都是不可或缺的重要推手。我們深深感謝他們的付出。

最後，我們要感謝家人，他們並不是那麼關心規模與靈活，但卻非常好心地在晚餐時間、開車路上和散步長走時，不斷聽我們叨念這個主題，犧牲他們想要談論電影、分享好書或閒聊天氣的興致。我們相信，他們一定比我們更高興這本書終於寫完了，終於不必擔心又要來一次系統理論大轟炸。感謝他們的包容和諒解。

結語　下一波

1. "The Path to Epiphany," http://www.cs.princeton.edu/courses/archive/spring13/cos448/web/docs/four_steps_chapter_2.pdf. Accessed April 7, 2014.
2. "Who's Starting America's New Businesses—and Why?" http://www.forbes.com/sites/cherylsnappconner/2012/07/22/whos-starting-americas-new-businesses-and-why/. Accessed April 8, 2014.
3. "Colorado Launches a New Startup Every 72 Hours," http://www.forbes.com/sites/karstenstrauss/2013/06/10/colorado-launches-a-new-startup-every-72-hours/. Accessed April 8, 2014.
4. "Reminder: 95 Percent of New Businesses Fail," http://startupdispatch.com/startups/reminder-95-percent-of-new-businesses-fail/ Accessed April 8, 2014.
5. "Starting Up versus Scaling Up," http://www.forbes.com/sites/groupthink/2013/06/30/starting-up-versus-scaling-up/. Accessed April 8, 2014.

鎖定目標做設計宣言

1. Brigitte Borja De Mozota, *Design Management:Using Design to Build Brand Value and Corporate Innovation* (Allworth Press;New York: 2003) page 136.

Pages/45620.aspx. Accessed April 18, 2014.

18. "Powering Airplanes with Leftover Tree Bark," http://tenthmil.com/campaigns/energy/powering_airplanes_with_leftover_tree_bark.
19. Scott Vitters. Interview with the author, December 13, 2011.
20. "Leading global brand companies join with WWF to encourage responsible development of plant-based plastics," http://www.bioplasticfeedstockalliance.org/news-title-6/. Accessed April 29, 2014.
21. Interview with the author, December 13, 2011.
22. "2012/2013 Sustainability Report—2012/2013 GRI Report," http://www.coca-colacompany.com/sustainability/.
23. "Coca-Cola GM of PlantBottle™ packaging talks new partnerships, future growth," http://www.plasticstoday.com/articles/Coca-Cola-GM-of-PlantBottle-packaging-talks-new-partnerships-future-growth-102420122, Accessed April 20, 2014
24. "Driving Innovation: Coca-Cola and Ford Take Plant-Bottle Technology Beyond Packaging," http://www.coca-colacompany.com/plantbottle-technology/driving-innovation-coca-cola-and-ford-take-plantbottle-technology-beyond-packaging. Accessed April 29, 2014.
25. "Lean Canvas: How I Document My Business Model," http://practicetrumpstheory.com/2010/08/businessmodelcanvas/. Accessed April 7, 2014.

8. *Minecraft,* http://en.wikipedia.org/wiki/Minecraft. Accessed August 22, 2014.
9. "How Emergence Changes the Business Model, " http://www.gamasutra.com/blogs/KevinGliner/20140214/210808/How_Emergence_Changes_The_Business_Model.php. Accessed July 14, 2014.
10. "The United States of Design," http://www.fastcompany.com/1777599/united-states-design. Accessed March 21, 2014.
11. "Zappos Launches Insights Service," http://www.adweek.com/news/technology/zappos-launches-insights-service-97777. Accessed March 21, 2014.
12. "Coke: Advancing Women Will Boost the Bottom Line," http://management.fortune.cnn.com/2012/10/15/coke-advancing-women-will-boost-the-bottom-line/. Accessed March 21, 2014.
13. "Coke: Advancing Women will Boost the Bottom Line," http://management.fortune.cnn.com/2012/10/15/coke-advancing-women-will-boost-the-bottom-line/.
14. The Coca-Cola Company 2012.
15. "2012/2013 Sustainability Report—"2012/2013 GRI Report," http://www.coca-colacompany.com/sustainability/http://www.coca-colacompany.com/sustainability/. Accessed August 22, 2014.
16. "Food and Agriculture Organization of the United States, 2009," http://faostat.fao.org http://faostat.fao.org. Accessed August 22, 2014.
17. "Cetrel and Novozymes to Make Biogas and Electricity from Bagasse," http://www.novozymes.com/en/news/news-archive/

piloting-sustainable-farming-projects-worldwide. Accessed March 20, 2014.

9. "Pepsico Sues Coca-Cola on Distribution," http://www.nytimes.com/1998/05/08/business/pepsico-sues-coca-cola-on-distribution.html. Accessed March 21, 2014.
10. Jennifer Mann, interview by author, August 28, 2013.

第六章 更精實

1. "Modular Open Systems Architecture," http://pmh-systems.co.uk/Papers/MOSAoverview/. Accessed April 3, 2014.
2. "Modular Open Systems Architecture," http://pmh-systems.co.uk/Papers/MOSAoverview/. Accessed April 3, 2014.
3. "Indonesia's foreign economic policy strategy," http://www.eastasiaforum.org/2012/05/14/indonesias-foreign-economic-policy-strategy/. Accessed March 21, 2014.
4. "Indonesia falls for social media: Is Jakarta the world's number one Twitter city?" http://www.ipra.org/itl/02/2013/indonesia-falls-for-social-media-is-jakarta-the-world-s-number-one-twitter-city. Accessed August 22, 2014.
5. "Pop Artist: David Butler," http://www.fastcompany.com/design/2009/featured-story-david-butler. Accessed March 21, 2014.
6. Joe Tripodi, interview by author, May 7, 2009.
7. "Do the Right Thing Quotes," http://www.doonething.org/quotes/dotherightthing-quotes.htm. Accessed March 21, 2014.

spring13/cos448/web/docs/four_steps_chapter_2.pdf. Accessed March 20, 2014.

2. "How Eric Reis Coined 'The Pivot' And What Your Business Can Learn from It," http://www.fastcompany.com/1836238/how-eric-ries-coined-pivot-and-what-your-business-can-learn-it. Accessed March 20, 2014.
3. "The Aha! Moments that Made Paul Graham's Y Combinator Possible," http://www.fastcompany.com/3002810/aha-moments-made-paul-grahams-y-combinator-possible. Accessed March 20, 2014.
4. Tom Farrell, interview by author, December 14, 2011.
5. "D.Manifesto," http://dschool.stanford.edu/. Accessed March 20, 2014.
6. "Coca-Cola, Jain Irrigation to showcase modern mango farming in Andhra," http://india.nydailynews.com/business/94eee6abc5a88d9e8f8d9e47d68be31c/coca-cola-jain-irrigation-to-showcase-modern-mango-farming-in-andhra#ixzz2C75FtheZ. NY Daily News. (2012, July 24)
7. "Coca-Cola, Jain Irrigation to showcase modern mango farming in Andhra," http://india.nydailynews.com/business/94eee6abc5a88d9e8f8d9e47d68be31c/coca-cola-jain-irrigation-to-showcase-modern-mango-farming-in-andhra#ixzz2C75FtheZ. NY Daily News. (2012, July 24)
8. "2011/2012 Sustainability Report," http://www.coca-colacompany.com/sustainabilityreport/world/sustainable-agriculture.html#section-

hks.harvard.edu/m-rcbg/CSRI/publications/other_10_MDC_report.pdf. Accessed March 13, 2014.

16. "Slides—Coca-Cola Micro Distribution," http://www.thesupplychainlab.com/blog/photo-library/coca-cola-micro-distribution/. Accessed March 13, 2014.
17. "Coca-Cola Sabco's Inclusive Business Model," http://www.ifc.org/wps/wcm/connect/fb3725004d332e078958cdf81ee631cc/Coca+Cola.2010.pdf?MOD=AJPERES. Accessed March 13, 2014.
18. "Slides—Coca-Cola Micro Distribution," http://www.thesupplychainlab.com/blog/photo-library/coca-cola-micro-distribution/. Accessed March 13, 2014.
19. "Coca-Cola Sabco's Inclusive Business Model," http://www.ifc.org/wps/wcm/connect/fb3725004d332e078958cdf81ee631cc/Coca+Cola.2010.pdf?MOD=AJPERES. Accessed March 13, 2014.
20. "What's Lean about Lean Startup?" http://www.agilemarketing.net/lean-lean-startup/. Accessed March 13, 2014.
21. Nathan Furr and Paul Ahlstrom, *Nail It then Scale It: The Entrepreneur's Guide to Creating and Managing Breakthrough Innovation* (Canberra, Australia: NISI Institute, 2011), page 68.
22. Rudolfo E. Salas, interview by author, February 13, 2012.
23. Alba Adamo, interview by author, February 13, 2012.

第五章　更快速

1. "The Path to Epiphany," http://www.cs.princeton.edu/courses/archive/

6. "Uses for WD-40," http://www.snopes.com/inboxer/household/wd-40.asp. Accessed March 13, 2014.
7. "XCD interviews Michael Wolff," http://www.youtube.com/watch?v=tAeBXIvusVA. Accessed March 13, 2014.
8. "The Making of 'I'd Like to Buy the World a Coke,' " http://www.coca-colacompany.com/stories/coke-lore-hilltop-storyCoca-Cola, Accessed April 28, 2014.
9. "Best-ever Advertising Jingles," http://www.forbes.com/2010/06/30/advertising-jingles-coca-cola-cmo-network-jingles.html. Accessed March 13, 2014.
10. Jonathan Mildenhall, interview by author, July 9, 2012.
11. Rick Tetzeli, "Portrait of the Rapper as a Young Marketer: How K'naan Delivered on Coca-Cola's $300 Million Bet," *Fast Company,* October 2010.
12. "How K'Naan's Song Became Coca-Cola's World Cup Soundtrack," http://www.billboard.com/features/how-k-naan-s-song-became-coca-cola-s-world-1004096346.story#plgScxlZJTGTtjy1.99. Accessed March 13, 2014.
13. "Dieter Rams: ten principles for good design," https://www.vitsoe.com/rw/about/good-design. Accessed March 13, 2014.
14. Coca-Cola "Glascock Portable Coca-Cola Cooler," http://www.vintagevending.com/glascock-portable-coca-cola-cooler. Accessed August 22, 2014.
15. "Developing Inclusive Business Models: A Review of Coca-Cola's Manual Distribution Centers in Ethiopia and Tanzania," http://www.

6. "A Startup Conversation with Steve Blank," http://www.forbes.com/sites/kevinready/2012/08/28/a-startup-conversation-with-steve-blank/. Accessed April 17, 2014.
7. "A Year Later, Instagram Hasn't Made a Dime. Was it Worth $1 Billion?" http://business.time.com/2013/04/09/a-year-later-instagram-hasnt-made-a-dime-was-it-worth-1-billion/#ixzz2eVAxeFS1. Accessed April 2,2014.
8. "Kodak Buys Ofoto.com," http://www.marketwatch.com/story/eastman-kodak-buys-ofotocom. Accessed March 12, 2014.
9. Scott D. Anthony, "The New Corporate Garage," *Harvard Business Review,* September 2012.

第四章　更聰明

1. "Hmm? Feel that?" http://forums.crackberry.com/general-blackberry-discussion-f2/hmmm-feel-254716/. Accessed March 13, 2014.
2. "Once Dominant, BlackBerry Seeks to Avoid Oblivion," http://dealbook.nytimes.com/2013/08/12/blackberry-to-explore-strategic-alternatives-including-a-sale-again/. Accessed March 13, 2014.
3. "Sustainable Competitiveness," http://www.weforum.org/content/pages/sustainable-competitiveness. Accessed March 13, 2014.
4. "Internet 2012 in Numbers," http://royal.pingdom.com/2013/01/16/internet-2012-in-numbers/. Accessed April 7, 2014.
5. Walter Isaacson, *Steve Jobs* (New York: Simon & Schuster, 2011), page 320.

colacompany.com/stories/cool-products-hot-topic-can-ekocycle-inspire-a-social-movement-around-recycling-william-says-yes. Accessed April 28, 2014.

12. http://www.coca-colacompany.com/press-center/press-releases/an-end-is-a-cool-new-start-william-and-the-coca-cola-company-recharge-recycling-with-launch-of-lifestyle-brand-ekocycle.

第二篇　設計提升靈活

1. D.B. Holt, *How Brands Become Icons: The Principles of Cultural Branding* (Cambridge, MA: Harvard Business Press Books, 2004), page 12.
2. "Fact Sheet: Oreo 100th Birthday," http://www.kraftfoodscompany.com/sitecollectiondocuments/pdf/Oreo_Global_Fact_Sheet_100th_Birthday_as_on_Jan_12_2012_FINAL.pdf . March 12, 2014.
3. "What's Easier: To Make a Billion Dollars, Build a Global Company, or Create a Global Brand?" http://www.forbes.com/sites/forbesinsights/2013/04/09/whats-easier-to-make-a-billion-dollars-build-a-global-company-or-create-a-global-brand/. Accessed March 12, 2014.
4. "Billion Dollar Brands," http://www.cbc.ca/undertheinfluence/season-2/2013/03/09/post/. Accessed March 12, 2014.
5. "The Path to Epiphany," http://www.cs.princeton.edu/courses/archive/spring13/cos448/web/docs/four_steps_chapter_2.pdf. Accessed March 12, 2014.

4. The Water Stewardship and Replenish Report GRI," The Coca-Cola Company, 2014.
5. "Teen Sells App to Yahoo! for Millions," http://abcnews.go.com/blogs/business/2013/03/teen-sells-app-to-yahoo-for-millions/. Accessed March 26, 2013.
6. "Resiliency, Risk, and a Good Compass: Tools for the Coming Chaos," http://www.wired.com/business/2012/06/resiliency-risk-and-a-good-compass-how-to-survive-the-coming-chaos/. Accessed March 12, 2014.
7. "Future changes to Facebook privacy settings to be opt-in," http://arstechnica.com/tech-policy/2012/08/future-changes-to-facebook-privacy-settings-to-be-opt-in/. Accessed March 20, 2013.
8. "With Its Latest Hire, Airbnb Gives A Clue On How It's Going To Fight Rental Laws," http://www.businessinsider.com/airbnb-hires-yahoo-david-hantman-2012-10. Accessed May 26, 2013.
9. Remarks by The Coca-Cola Company CEO Muhtar Kent to the Colorado Innovation Network Summit, Denver, CO, August 29,2012. Transcript available at http://www.coca-colacompany.com/our-company/muhtar-kents-keynote-speech-at-the-colorado-innovation-network.
10. M. E. Kramer, "Creating Shared Value: How to Reinvent Capitalism—and Unleash a Wave of Innovation and Growth,"*Harvard Business Review,* January/February 2011.
11. Cool Products, Hot Topic: Can EKOCYCLE Inspire a Social Movement Around Recycling? will.i.am Says Yes. http://www.coca-

8. Max Pendergrast, *For God, Country & Coca-Cola: The Definitive History of the Great American Soft Drink and the Company that Makes It,* 2nd ed. (New York, NY: Basic Books, 1993), page 31.
9. Pendergrast, *For God,* page 103.
10. "*Birth of a Bottle,*" http://www.thecontourbottle.com/.Accessed April 28, 2014.
11. " 'Real Thing' " Design Based on the Wrong Ingredient," Miami News, Friday, May 23, 1986, page 2A. http://news.google.com/newspapers?nid=2206&dat=19860523&id=h8wlAAAAIBAJ&sjid=TPMFAAAAIBAJ&pg=1315,6312956. Accessed April 28, 2014.
12. Anne Hoy, *Coca-Cola: The First Hundred Years.*(Atlanta: Coca-Cola, 1986), page 13.

第三章　複雜性

1. "7 Surprising Ways to Motivate Millennial Workers," http://2020workplace.com/blog/?p=988, Accessed April 20, 2014.
2. "The Co-Villains Behind Obesity's Rise," http://www.nytimes.com/2013/11/10/business/the-co-villains-behind-obesitys-rise.html?_r=0. Accessed December 12, 2013.
3. "Coca-Cola Announces Global Commitments To Help Fight Obesity," http://www.sustainablebrands.com/news_and_views/communications/coca-cola-announces-global-commitments-help-fight-obesity http://www.sustainablebrands.com/news_and_views/communications/coca-cola-announces-global-commitments-help-fight-obesity.

www.npr.org/blogs/thesalt/2012/01/24/145698222/why-mcdonalds-in-france-doesnt-feel-like-fast-food. Accessed January 24, 2012.

12. "McDonald's in India: Would You Like Paneer on That?" http://www.npr.org/2012/09/23/161551336/mcdonalds-in-india-would-you-like-paneer-on-that. Accessed September 23, 2012.

第二章 規模

1. Coca-Cola 2010. Anne Hoy, *Coca-Cola: The First Hundred Years.* (Atlanta: Coca-Cola, 1986), page 38.
2. http://www.brainyquote.com/quotes/authors/c/charles_eames.html. Accessed March 27, 2014.
3. "Wal-Mart remains atop Fortune 500 List" http://usatoday30.usatoday.com/money/companies/2011-05-05-walmart-fortune-500_n.htm. Accessed May 5, 2011.
4. "Walmart's How Big? What the Huge Numbers Really Mean," http://www.dailyfinance.com/2011/05/28/walmarts-how-big-what-the-huge-numbers-really-mean/. Accessed June 6, 2011.
5. Christopher Alexander, Sara Ishikawa, Murray Silverstein, Max Jacobson, Ingrid Fiksdahl-King, Shlomo Angel, *A Pattern Language:Towns, Buildings, Construction* (Oxford: Oxford University Press, 1977), page 247.
6. http://www.brainyquote.com/quotes/quotes/c/christophe417065.html. Accessed March 31, 2014.
7. Alexander. *A Pattern Language,* page xiii.

2. Paul Rand, *Design, Form and Chaos* (New Haven: Yale University Press, 1993), page 126.
3. Donella Meadows, *Thinking in Systems* (Oxford, UK: Earthscan, Ltd., 2009), page 2.
4. "Err Engine Down," http://www.slate.com/articles/business/bitwise/2013/10/what_went_wrong_with_healthcare_gov_the_front_end_and_back_end_never_talked.html. Accessed October 8, 2013.
5. Administration: Obamacare website working smoothly.http://www.cnn.com/2013/12/01/politics/obamacare-website/. Accessed July 10, 2014.
6. "Should recycling be compulsory?" http://www.zerowastesg.com/2012/06/05/should-recycling-be-compulsory-news/. Accessed June 5, 2012.
7. "Countries with the highest recycling rates." http://www.aneki.com/recycling_countries.html. Accessed March 25, 2014.
8. "The 10 Most Expensive Cities in the World,"http://m.npr.org/news/Business/165143816marketwatch.org. Accessed June 13, 2012.
9. "House Hunting in...Tokyo" http://www.nytimes.com/2010/03/03/greathomesanddestinations/03gh-househunting-1.html?pagewanted=all&_moc.semityn.www. Accessed March 2, 2010.
10. "Average Apartment Size Worldwide | Average Home Size," http://www.rentenna.com/blog/average-apartment-size-worldwide-average-home-size/. Accessed June 19, 2012.
11. "Why McDonald's in France Doesn't Feel Like Fast Food," http://

資料來源

第一篇　設計擴大規模

1. "The No. 1 reason startups fail: Premature scaling," http://www.geekwire.com/2011/number-reason-startups-fail-premature-scaling. Accessed September 1, 2011.
2. Peter Senge, *The Fifth Discipline: The Art & Practice of The Learning Organization* (Doubleday Business, 1990), page 68.
3. "Why Coke Cost a Nickel for 70 Years," http://m.npr.org/news/Business/165143816. Accessed November 15, 2012.
4. *Coca-Cola Company Market Capitalization*. http://www.wikinvest.com/stock/Coca-Cola_Company_%28KO%29/Data/Market_Capitalization.
5. "Has Coke Lost Its Fizz?" http://content.time.com/time/business/article/0,8599,227472,00.html. Accessed April 6, 2002.
6. three-page paper called "*Building Brands, by Design*." This document, better known as the "Designing on Purpose" manifesto, is reprinted at the end of the book.

第一章　設計

1. Stephanie Strom, "Coca-Cola Tests Sweeteners in Battle of Lower Calories," *New York Times*, May 14, 2012.

Big Ideas 9

設計的力量：如何讓百年老牌煥然一新

2015年10月初版 定價：新臺幣380元

著　　者 David Butler
Linda Tischler
譯　　者 吳莉君
發行人 林載爵

叢書主編 鄒恆月
叢書編輯 王盈婷
封面設計 黃聖文
內文排版 陳玫稜

出版者 聯經出版事業股份有限公司
地址 台北市基隆路一段180號4樓
編輯部地址 台北市基隆路一段180號4樓
叢書編輯電話 (02)87876242轉216
台北聯經書房：台北市新生南路三段94號
電話：(02)23620308
台中分公司：台中市北區崇德路一段198號
暨門市電話：(04)22312023
台中電子信箱 e-mail：linking2@ms42.hinet.net
郵政劃撥帳戶第0100559-3號
郵撥電話：(02)23620308
印刷者 文聯彩色製版印刷有限公司
總經銷 聯合發行股份有限公司
發行所：新北市新店區寶橋路235巷6弄6號2樓
電話：(02)29178022

行政院新聞局出版事業登記證局版臺業字第0130號

本書如有缺頁，破損，倒裝請寄回聯經忠孝門市更換。 ISBN 978-957-08-4631-7 (平裝)
聯經網址：www.linkingbooks.com.tw
電子信箱：linking@udngroup.com

Design to Grow: How Coca-Cola Learned to Combine Scale and Agility
(and How You Can Too)
by David Butler and Linda Tischler

國家圖書館出版品預行編目資料

設計的力量：如何讓百年老牌煥然一新/ David Butler、Linda Tischler著．吳莉君譯．初版．臺北市．聯經．2015年10月（民104年）．336面．14.8×21公分（Big Ideas：9）

譯自：Design to grow: how Coca-Cola learned to combine scale and agility（and how you can too）

ISBN 978-957-08-4631-7（平裝）

1.可口可樂公司（Coca-Cola Company） 2.企業策略 3.組織管理 4.設計管理

494.1 104019111